心理学与身体语言

"推开心理咨询室的门" 编著

中国纺织出版社有限公司

内 容 提 要

在日常交际中，我们与人沟通，即便不言语，也能够通过对方的身体语言来洞悉对方的内心世界，同样的，对方也可以通过身体语言来了解我们的真实想法。人们习惯在语言上伪装自己，不过身体语言却常常暴露其真实内心。

本书通俗易懂地阐述了生活中常见的身体语言，如手势动作、表情、姿态等，深入浅出地剖析身体语言密码，助你轻而易举地读懂对方微妙的身体语言，了解对方真实的想法和感受，让您能在有效掌控自己身体语言的同时，能够更准确地表达内心，从而在日常交际中赢得主动权。

图书在版编目（CIP）数据

心理学与身体语言／"推开心理咨询室的门"编写组编著.--北京：中国纺织出版社有限公司，2024.5
ISBN 978-7-5229-1061-1

Ⅰ.①心… Ⅱ.①推… Ⅲ.①心理学—通俗读物②身势语—通俗读物 Ⅳ.①B84-49②H026.3-49

中国国家版本馆CIP数据核字（2024）第043807号

责任编辑：柳华君　　责任校对：高　涵　　责任印制：储志伟

中国纺织出版社有限公司出版发行
地址：北京市朝阳区百子湾东里A407号楼　邮政编码：100124
销售电话：010—67004376　传真：010—87155801
http://www.c-textilep.com
中国纺织出版社天猫旗舰店
官方微博 http://weibo.com/2119887771
天津千鹤文化传播有限公司印刷　各地新华书店经销
2024年5月第1版第1次印刷
开本：880×1230　1/32　印张：6.25
字数：118千字　定价：49.80元

凡购本书，如有缺页、倒页、脱页，由本社图书营销中心调换

前言
PREFACE

身体语言也叫肢体语言，通过身体语言实现的沟通叫作体语沟通。我们通常所说的身体语言，包括目光与面部表情、身体动作与触摸、姿势与外貌等等。了解身体语言密码，我们可以更容易地走进对方的内心，可以更准确地认识自己和他人。

弗洛伊德说："任何人都无法保守内心的秘密，即使他的嘴巴保持沉默，但他的指尖喋喋不休，甚至他的每一个毛孔都会背叛他！"其实，每个人的心理都是有迹可循的，即使他掩盖得很严实，也会从各个细节中不经意流露出来。

日常生活中，身体语言是一种看不见的力量，我们与形形色色的人打交道，而通过每个人独特的身体语言解读出其性格会为沟通提供很多便利。

如果我们想在交际中八面玲珑、如鱼得水，那就必须知道那些身体语言的潜台词。比如点头、摇头、耸肩、搓手、抖脚、扬眉……每一个动作都在给予暗示，当我们和对方面对面时，他的每个动作和表情都有独特的意义。对方一个不经意的小动作，可能表明想早点结束谈话，那么你找到恰到好处的借口结束话题，对方就会觉得你很贴心；领导一个皱眉的动作，或许暗示他对你的某些工作并不满意，你应该及时寻求改变，提升领导对你的好感。当然，我们也不能单凭身体语言去判断他人，而是应该综合各方面的因素，才能做出正确的判断。

  本书行文简洁明了，通俗易懂，通过对如何识别他人身体语言、了解身体语言背后的真意、控制自己的身体语言等方法的介绍，帮助大家洞悉他人内心的真实想法，营造和谐的人际关系，在社交场上如鱼得水。

编著者

2022年8月

目录
CONTENTS

▶ 第 01 章 ◀
配饰显人，小点缀内藏真个性

领带，男人性格的介绍信 ~ 002

戒指，套在手指上的心意 ~ 004

项链，挂在脖子上的性格密码 ~ 007

包包，藏起来的生活理念 ~ 009

腰带，束在腰间的个性特征 ~ 012

手表，手腕上的个性 ~ 014

▶ 第 02 章 ◀
衣装识人，穿衣风格洞察人心

衣着颜色凸显内心 ~ 018

穿衣风格看出真性格 ~ 020

妆容可以看出心情 ~ 023

搭配风格体现品位 ~ 025

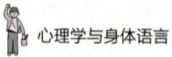

改变发型发色可以改变心情 ~ 027

鞋跟透露出真实性情 ~ 031

反映性格特点的"冠"文化 ~ 033

第 03 章
语言语势，展现真实性格

说话方式显露真实性格 ~ 036

下意识的言辞代表真实心意 ~ 038

仔细分辨，看穿谎言 ~ 041

说话内容透露出行事风格 ~ 044

不一样的音色，不一样的性格 ~ 047

弦外之音如何理解 ~ 050

口头语隐藏玄机 ~ 052

第 04 章
细微之处，破解表情密码

面部表情隐藏的深意 ~ 058

不同笑容代表不同性情 ~ 060

目录

解析微表情的本质 ~ 063

无表情表示什么 ~ 066

眨眼睛的真实意图 ~ 068

约会表情背后的心理 ~ 071

眼神可以传递小心思 ~ 074

第 05 章
无声之语，吐露真心实意

脚透露出的秘密 ~ 078

坐姿看出对方习惯和修养 ~ 080

走路姿势凸显气质 ~ 082

手势的正确使用方法 ~ 085

通过站姿看出性格 ~ 088

握手的学问知多少 ~ 091

第 06 章
日常用餐，看出真实为人

吃饭方式透露生活习惯 ~ 096

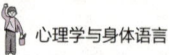

不同口味不同性格 ~ 098

咖啡品出真实性情 ~ 100

小零食中的大奥秘 ~ 102

烹饪方式透露习性 ~ 104

点菜看出为人品性 ~ 107

筷子用法体现个性 ~ 109

▶ 第 07 章 ◀
透过兴趣，解析性格秘密

嗜好透露性格属性 ~ 112

服装选择体现性格 ~ 114

舞蹈中跳出的灵性 ~ 116

音乐中听出心灵密语 ~ 118

▶ 第 08 章 ◀
灵活应变，赢得领导信赖

领导的话中话要会听 ~ 122

察上司微动作识其对下属的态度 ~ 124

从小细节看出领导对自己的态度 ~ 127

工作习惯看出领导的行事作风 ~ 130

从开会风格看出领导性格 ~ 133

从对待下属失误的态度看出领导性格 ~ 135

第 09 章
全面观察，透视男人本质

开车习惯透露男人性格 ~ 140

行走姿势体现男人性情 ~ 142

接吻方式看出男人性格 ~ 144

穿鞋偏好显示男人个性 ~ 147

穿衣方式展示男人个性 ~ 150

对待金钱的态度显露男人性格 ~ 152

第 10 章
见微知著，生意场上见招拆招

辨识生意伙伴的真心假意 ~ 158

生意场上看出对手性格 ~ 161

通过细节看出客户个性 ~ 163

识别客户的谈判招数 ~ 166

几个方法辨别奸诈商家 ~ 169

从细节看出对手气质特征 ~ 172

第 11 章
冷静判断，女人别因爱情而盲目

男人突然的沉默代表什么 ~ 178

男人表示"想和你一起做饭"是什么意思 ~ 180

牵强的理由暗示男人的不在乎 ~ 182

自卑的男人爱用讽刺的语言 ~ 184

过分注意形象的男人比较自私 ~ 186

急于承诺的男人并不可靠 ~ 188

参考文献 ~ 190

第 01 章

配饰显人,小点缀内藏真个性

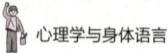

领带,男人性格的介绍信

巴尔扎克说过,"领带是男人的介绍信",在弗洛伊德的理论中,领带更是象征着权力。这条装点着男人从脖子到胸前三角区的小带子,已成为现代服饰的一个文化符号,同时这封介绍信里也隐藏着男人的心理秘密。

钟情于柔和圆点图案的男士,喜好运动、健身,外形上大都肩宽,脸型棱角分明,给人以阳刚的气质。这类男士韧性很强,从哪跌倒就从哪爬起来,从不怨天尤人、萎靡不振,自信的脸庞给人以力量;为人义气,很重感情,朋友有难不会坐

视不管；有责任心，无论是公事还是私事敢作敢当，从不推诿；有气度，不会因为小事斤斤计较。

喜欢戴质地轻薄且排列整齐，有细小图案或细条纹形领带的男士，优雅从容，有贵族气。这类男士社交能力强，与人交往讲究分寸、拿捏得当，能针对不同的人选择合适的话题进行交谈，并能营造出让人惬意的交谈环境，使人乐于与其谈论问题。同时，他们细心又懂得情趣，与爱人的纪念日从不忘记，并总能给自己的另一半带来惊喜。最重要的是他们有一颗平和的心，能以一个平和的心态去看待自己的得失，总能保持良好的心态，不偏激，给人心理上以踏实、轻松之感。

经常戴颜色明亮、清晰并对比鲜明的条纹或小格子领带的男士，充满活力，是潮流前线上的时尚达人，很会享受生活，无论出现在哪里都能让人们眼前一亮。这类人通常身材比例匀称，五官立体，而且品行端正、才情横溢、富有魅力。

钟情于不规则图案或者粗细相间条纹领带的男士，性情温和，温柔而不失自信的微笑是其最显著的标志。这种男人随和并具有亲和力，让人容易接近，同时富有幽默感，能营造一个轻松舒适的氛围，使人们在一起交谈感到惬意。通常他们的声音都很有磁性，尤其是和女性交谈时，很抒情，就像从心底流出的一串串美妙音符。另外，他们很有活力，时刻保持一颗年

轻的心，所以工作上很有干劲，容易得到领导的赏识，下属的敬佩。

喜欢戴纯色的、底色和图案色反差不大的、小圆点领带的男士，比较内向，感情比较丰富，内心的想法通常不会轻易和别人分享，但是会在互联网上与未曾谋面的网友交流，或者在自己的博客上抒发内心的情感。而且他们的才华是公认的，通常会在艺术类的工作中出类拔萃。如果能将不喜欢在公共场合抛头露面的自己展现在众人面前，很容易受到人们的欢迎。

戒指，套在手指上的心意

生活中经常能遇到幸福的一幕，那就是见证一名男士单膝跪地，手里举着一枚钻戒，向他面前的公主求婚，一枚小小的戒指包含了两个人无尽的爱。戒指虽小，但能传情达意，最懂主人心。如今，戒指不仅是大多数女性的必备品，在男士中也非常流行。所戴戒指的种类和佩戴手指的不同不仅能说明一个人的生活状态，还能透露出其个性喜好和内心奥秘，可谓小戒指，大学问。

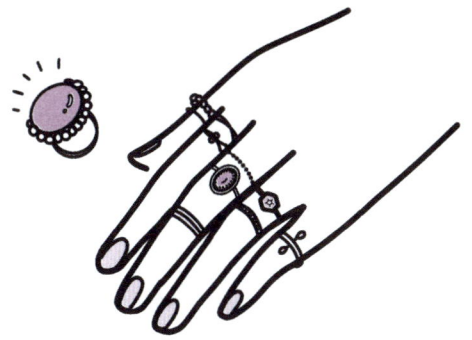

佩戴粉红钻石、蛋面珊瑚戒指者，多数感情丰富浪漫；常戴红宝石、红碧玺戒指者，较为热情；喜欢海蓝宝石或蓝宝石戒指者，较内向与冷淡；祖母绿或绿松石戒指，则象征着佩戴者感情脆弱。

喜欢戴珍珠或钻石戒指者都很注重名誉地位，极少对另一半不忠，是安全第一主义者；选择戴细小宝石戒指的女性贤淑、斯文、大方；喜欢戴古灵精怪或颜色鲜明戒指的女性大都追求梦想，渴望寻求刺激有趣的生活，但内心充满矛盾。

男性戴纯银戒指，表示性情温和，容易迁就他人，容易沟通；喜欢戴K金戒指的男性则较重利，非常会做生意；男性喜欢戴翠玉戒指，表示有实力，也有品位，注重素质，办事严谨。

喜欢戴结婚戒指的人对自己的婚姻很重视，为家庭的和睦、温馨奔波操劳，乐此不疲。每当看到家人幸福的微笑，就会容光焕发、精神百倍；喜欢戴诞生石戒指的人对自己比较重视，同时也希望他人能对自己引起足够的重视，生活中有些相信命运；喜欢戴小指戒的人个性积极，知道如何出风头，而且从不担心自己的外在是否太过华丽；喜欢戴手工戒指的人比较喜欢彰显自己，会想尽办法让周围的人花更多的时间和心思关注自己，同时紧跟流行时尚，对自己很有信心。

佩戴钻戒时，戴在小指上，表示单身；戴在无名指上，是已结婚或订婚；戴在中指上，就是在恋爱中；戴在食指上，表示想结婚。而有些人喜欢戴戒指，并非代表已婚或者订婚，而仅仅是一种装饰。就是这种随意的装饰，恰恰反映了佩戴者不凡的个性。例如，把戒指戴在拇指上的人希望自己能得到帮助并顺利地达成心愿；把戒指戴在食指上的人，个性开朗而独立；把戒指戴在左手中指上的人，有责任感，重视家庭生活；把戒指戴在右手中指上的人，心理平衡，态度客观，能营造自由爽朗的气氛，具有独特的魅力，有异性缘；把戒指戴在无名指上的人，比较随和，愿意过平凡的生活，不大计较得失。把戒指戴在小指上的人，常常渴望与众不同，赢得别人的景仰与信赖，为了赢得别人喝彩，会不断地努力奋斗，但有时会妄自菲薄，甚至有些自卑。

项链，挂在脖子上的性格密码

女性戴项链，且不论其价值如何，总是能平添几分明艳与富丽，其实，这也是对物欲追求的一种满足。此外，有时还隐喻着一种更深层的含义，那就是抒发、寄寓着"祈福纳吉"的心愿。项链是首饰的主要品种，男女老幼都可以佩戴，除了装饰作用外，其中也蕴含了佩戴项链者的心理秘密。

喜欢石榴石项链的女性忠于爱情，不会背叛自己的爱人，对感情不专一的人持敌视或者鄙夷态度，愿意与自己的另一半白头偕老，直到天长地久。除了爱情，他们对待友情也是非常端正的，就像一架琴，为朋友演奏一生的美妙乐章；就像一杯茶，让朋友品味一世的清香；就像一首歌，唱给朋友一生一世的幸福和快乐，始终给人一种平淡温馨、如沐春风的感觉。

喜欢紫水晶项链的女性很诚实，相信生命不可能从谎言中开出灿烂的鲜花，认为难听的实话胜过动听的谎言，诚实是人生最美好的品格。

喜欢珍珠项链的女性很懂得养生，虽然对金钱的追求也很看重，但是相比而言，身体的健康还是排在首位的。很懂得调节生活的节奏，在饮食上很注重营养的搭配，对疾病的预防和治疗也都有一定的了解，很期望自己能够大富大贵、健康长寿。

喜欢绿松石项链的女性比较争强好胜，生活中和事业中取得的成绩会给其带来成就感和满足感。渴望胜利是其一大特点，希望幸运女神能伴随左右，给自己带来好运。喜欢戴绿松石的女性群体中，属于事业型的女性较多。

喜欢玉制项链的女性崇尚幸福的生活，比较倾向于美好的事物。这类女性较羡慕和向往美满的婚姻，置身于家庭其乐融融的环境之中，会使其精神爽朗，充满活力。同时也是制造良好氛围的高手，能让与其交谈的人感到惬意，很有人缘。

喜欢钻石项链的女性很纯洁，像一片匀净的玻璃，镶在房子的墙上，不局限，不锁闭；像一颗钻石，光芒四射；像一面有魔力的镜子，向人们所展现的总是美好和希望。

项链也是部分男性爱好的饰品。男人戴项链，百分之九十不是为了美，而是一种爱好或者是为了显示富有，生意人在这方面尤为突出。在项链的选择上，年轻男性一般选择时尚类的项链，以展现出自己身上的青春活力，而有些中年男性戴的项链一般比较传统，喜欢把自己装扮得大气、稳重，彰显其富有身份，所以，部分中年男性喜欢戴黄金、钻石等高档次的项链。

包包，藏起来的生活理念

包不仅可以为人们携带东西提供便捷，也是一种时尚的装饰品。使用什么样的包也体现了一个人的性格和其生活理念。

从女性角度来讲，喜欢颜色鲜亮并装饰有趣味图案的大提包的女性，待人殷勤热情，不计较小事。但由于凡事随意和无所谓，常使人陷入窘境。她们热情、好交际、慷慨大方，有时会做出让人意想不到的事情。她们热爱生活，时刻保持一个良好的心态，积极乐观，认为生活是充满快乐和希望的，愿望是可以通过自身的努力实现的。

　　喜欢用上乘皮革制成并分隔出好多间隔的小手提包的女性，喜欢追求完美，有强烈的上进心，品性端正，待人接物彬彬有礼。充满自信、有组织才能、办事可靠，对工作有高度责任感，但缺乏想象力。这类女性认为生活的节奏应该是快速的，但是调节节奏的旋钮应掌握在自己的手里。

　　喜欢软皮、颇像公文包的手提包的女性，喜爱冒险、心地善良、个性刻板，对危险事物极其敏感。认为生活中应充满刺激，平淡的生活没有意义。在危险来临时总会敏锐察觉。

　　喜欢款式普通但很实用的包的女性，个性认真严谨、善于处理实际问题，很能持家。她们喜欢整齐，会操持家务，自尊心很强。对这种女性来说，重要的是任何时候都不能出现不美

第01章 配饰显人，小点缀内藏真个性 011

观的姿态。

对于包，男人有几种不同的携带方式，手提、侧背或者轻便地夹在手臂下等，每一种姿态也都体现出不同的性格和生活理念。

喜欢把包放进袋子里拎着的男性，既要面子又不肯委屈自己。在他们的眼中，生活应该是体面的，他们很在乎别人对自己的看法，很注重自身的形象。

选择运动包的男性，很想表现自己的男子气概，同时又有点小固执。这类男性认为生活应该是健康、充满活力的，属于典型的健康型生活理念。

钟情手提包的男性，有追求成熟、赶时髦的欲望，但又不想过度，所以他们提包的时候总会尽量让包远离自己的身体。他们的生活理念是实用主义，生活讲究实际，对于那些说时天花乱坠，做时寸步难行的人持鄙夷态度。

腰带，束在腰间的个性特征

腰带是日常装饰品之一。每个人对腰带的喜好是不一样的，对腰带的款式、颜色的选择，不但能说明一个人的品位，也能反映出一个人的性格。

选择纤细款型与淡彩颜色的男士，感情细腻，懂得浪漫。他们会准确地记住爱人的生日，并在那一天送上令人惊喜的礼物；他们能体会出朋友生活状态的好坏，并在朋友困难时伸出援手，让朋友感激不尽；他们可以在工作中左右逢源，为上司排忧解难，并体谅下情。

喜欢复古和简洁腰带的男士，作风严谨，生活中，家里会打扫得一尘不染，井井有条；出门时的着装总是干净利落，显示出男人简洁与明朗的本色；工作上，责任心很强，工作态度

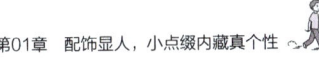

十分端正，很少有关于他们的流言蜚语。另外，他们心态平和，情绪不会大起大落，比较理性。

钟情粗线条牛仔皮带、皮革编织腰带的男士，奔放、充满活力，魅力十足。他们的目光总是会投向那些彰显豪迈个性的饰物，因为这些都体现了他们非同寻常的男子汉气概。这类男性比较时尚，是时尚大潮的弄潮儿，身上时刻散发着浓厚的艺术气息。

腰是女性美丽身姿的展现，也是与时尚同步的宝贵资源，一条合适的腰带可以让女性将自己的风采展露无遗。

喜欢宽版腰带的女性，性情开朗、带有一定的侵略性，带有某种中性的性感。这类女性喜欢穿着牛仔裤或是闪亮型长裤，以展现女人率性不羁的一面，让人过目不忘。

选择缠绕式腰带的女性，感情细腻，身姿纤巧，柔情似水。这类女性很含蓄，在生活上本本分分，从来不做出格的事情，十分讨家人喜欢；在工作中，有条不紊，兢兢业业，又很善于搞好与同事的关系，人缘极好，是文静的青春型和职业型女性；在与异性相处时，总不经意间显出温柔女人味，令对方魂牵梦绕，爱慕不已。

钟情链式腰带的女性，比较妩媚，气质高贵、独特，蕙质兰心、灵气袭人。这类女性中，女强人很多。她们通常很

自信，面对困难从不慌不择路，总是镇定地做出决定，也很有思想，所提出的建议和意见都有独到之处，另外考虑事情非常周到，常常未雨绸缪，能防患于未然。

手表，手腕上的个性

手表不仅有装饰作用，还可以凸显一个人的品位，展现一个人的魅力，手表的选择和戴法也能体现一个人的价值取向。

喜欢液晶显示屏手表的人，一般比较单纯、直率，认为世

界是简单的，比较喜欢做简洁方便的事情，那些抽象复杂的事物总是使其手忙脚乱，所以他们认为应该把复杂的事情简单化，不应有无谓的烦恼，快乐至上。他们懂得精打细算，生活比较节俭。但他们在交朋友的时候不那么天真，显得比较挑剔。

喜欢戴表面没有数字的手表的人，观念新颖，抽象思维能力很强，比较理性。聪明睿智使他们总是寻求智力上的挑战，并且认为只有不断地战胜挑战才能实现自己的价值。他们对许多事情漠不关心、毫不在乎，所以常常让身边的人感觉他们并不在乎自己。

喜欢戴闹钟型手表的人，责任心很强，认为责任重于泰山，对于不负责任的人持鄙视和唾弃的态度。另外，他们时间观念比较强，总是把神经绷得紧紧的，一刻也不肯放松。而且他们很有领导才能，但做事总是循规蹈矩，缺乏创新意识，过于保守。

喜欢戴怀表的人，通常认为不应过度紧张劳累，要善于掌握自己的心境，懂得在紧张忙碌的工作中放松自己，以获得更好的工作效率。一般以男性居多，而且大多是一些成功的男性，怀表使其言谈举止更显优雅。这种人很有原则，有违自己原则的事不会去做。

喜欢戴显示不同时区的手表的人，通常认为人应经历各种能使自己得到历练的事，喜欢到不同的城市体验不同的生活，相信人生阅历丰富是成功的重要组成部分，不喜欢故步自封、原地踏步。

戴样式奇特的手表的人，一般以年轻人居多，他们的手表款式新颖，大多是为了搭配自己风格独特的服饰而佩戴的。他们很在乎自己在别人心中的形象和地位，重视外表，对别人的评价很在意，如果评价很低，他们会心情低落，会想尽办法改变别人对自己的评价。

将手表戴在左手内侧的人，认为没有创新就没有生命，比较有创新意识，他们喜欢新鲜的事物，喜欢独特的处事方法，而且他们这种创新意识往往表现在工作中，所以他们容易得到领导和上司的赏识。

将手表戴在右手内侧的人，自信开朗，积极的处世态度使他们在与人相处时总是热情奔放，笑声不断，所以有很多朋友。

第02章

衣装识人，穿衣风格洞察人心

衣着颜色凸显内心

也许你没有想到，服装颜色的偏好会悄悄"出卖"你内心的困惑、疑虑和意图！你最好能掌握其中奥妙，这样才可以很好地"伪装"自己，并且更好地了解分析身边的同事、朋友……

喜欢穿黑色衣服的人，从表面上看起来可能会给别人留下神秘、高贵以及专业的印象，但实际则不然。喜欢穿黑色服装的人通常不善于社会交际，他们经常常用黑色来掩饰自己内心的不安或恐惧。

喜欢穿深蓝色衣服的人，多具有善良的心地和丰富的感受力，容易感伤，对人也十分敏感，一个人独处时，常无法忍受那种孤寂，希望被温暖的爱所包围。个性朴实，容易得到他人的好感。

喜欢穿白色衣服的人，应该是一个追求完美的人。偏爱白色的人大多不会将自己的感情清楚地流露在外，看待事物不会单取外表的光辉璀璨，会进一步探索内在的本质。其做事努力认真,责任感强,所以深受他人信赖,常有人向其请教问题。

喜欢穿黄色衣服的人。与金属相结合的黄色是"理智之色", 是心灵能量的颜色,能启发新的创意。喜欢穿黄色衣服的人大多才能出众,却容易恃才傲物。由于自尊心强,又对自己的能力极具信心,因此,经常希望得到别人的肯定和赞赏。尽管如此,有时又能温顺服从,有时表现出合作的个性,由此而言,毫无疑问,爱好黄色的人是真正生命力强的人。

喜欢穿绿色衣服的人,个性谦虚平实,不爱与人争论,有很高的人气指数。既有行动力,同时又能沉静思考,兼具优雅与理性。无论面对任何事都能冷静处理,而且绝不感情用事,所以深受别人信赖,对于别人的请求或委托,总是欣然接受。

喜欢穿紫色衣服的人,内心强烈渴求世人肯定自己的才能,多半是观察力和领悟力都很高的人。这类人通常具有不错的文化素质和涵养,往往以艺术工作者居多。紫色还是控制情绪的最佳辅助色。

喜欢穿红色衣服的人,个性积极,充满斗志。他们会对自己专注的和感兴趣的事情投入百分之百的热情,而且意志坚定不轻易屈服,凡事依照自己的计划行事,一旦无法实现便感觉不顺心。尽管如此,无论多少困难,都无法轻易打倒这样精力充沛的人。

穿衣风格看出真性格

穿衣戴帽,各有所好。不同的人有不同的穿衣风格,其实是性格使然。因此,人们的穿衣风格时刻表露着自己的性格。

从女性角度来看，按穿衣的风格可以将其划分为六种类型：健康型、可爱型、浪漫型、主动型、平淡型和诱惑型。

健康型女性喜欢穿棉质衣，喜欢追求阳光般的生活，自我期望颇高，微笑和自信常常是这种女性的标识。

可爱型女性喜欢穿印花图案衣，她们比较缺乏主见，常常会在抉择的关头犹豫不决，对爱情不敢轻易尝试，凡事均点到为止，十分保守，因为虽然她们很期待，但更怕受伤害。

浪漫型女性喜欢穿粉色系列衣，温柔甜美又讨人喜欢是此类型女性共同的表现，此类型女性对爱情充满了浪漫的幻想，但是又很害羞。

主动型女性喜欢穿艳色系列衣，干脆、大方、爽快是此类女子的共同点，颇有点男性的性格特点，但是内心常常是细腻的。

平淡型女性喜欢穿宽大的衣衫，爱穿朴素服装，对自己该穿什么，从来不在意，来去总是那身装扮。这种类型的女性缺乏激情，亦是体制顺应型，缺乏浪漫感。

自信型女性喜欢穿丝质衣物。丝质衣物极度柔软，如果没有出众身材，根本没法穿得好看，所以这类女性对自己的身材充满自信，同时亦希望得到别人的注意。

从男性的角度观察，主要有以下几种情况：

对白色衬衫有偏好的男性往往缺乏爱情，清廉洁白，是现实主义者；喜欢T恤的男性虽树敌很多，却是肯努力求上进者；喜欢穿粗条服装的男性一般对自己没有信心，却爱摆空架子；喜欢穿细条服装的则待人温和、自尊心强、往往有矛盾的内心和外在；喜欢传统服装如中山装的男性性格含蓄，从某种意义上说是传统保守型的人士；喜欢穿西装的男性则大多开朗、积极、大方、自信，交际广泛，属活跃型人物；对运动服、牛仔装感兴趣的男性性格中不受拘束的成分较多，我行我素，更为年轻、活跃、精力充沛；喜欢穿宽松衣服的男性则意

欲掩饰身材缺陷,同时有扩大自己势力范围的欲望;爱穿垫肩衣服的男士表现出夸大男性威严的倾向。

妆容可以看出心情

爱美是女人的天性,女人爱打扮,尤其是面部化妆。其实化妆在使女性变得更加美丽的同时,不同的妆容也透露了不同的心情。

1. 裸妆

裸妆的妆容虽然看起来很清淡,但并不是未加修饰的纯自然肌肤。通常是将一种接近自己肤色的、较薄的、液状的粉底,或是干湿两用粉,用海绵蘸些化妆水,均匀地在脸上涂上薄薄的一层,从而呈现出最自然纯净的肤色。这种妆容体现了一个人安静、闲适的心情。在充满温暖阳光而又静谧的环境里,忘记忧伤,忘掉不如意,让过去的日子尘封,让心自由地飞翔,对未来充满了向往。

2. 非主流妆容

非主流妆容体现了一个人不羁的心情,希望摆脱条条框框的束缚，按照自己的意愿做事。率情任性的性格使她们直来直去，没有矫揉造作，认为生活丰富多彩，充满机遇，人只有在奋斗中咀嚼失败，方能品味成功。

3. 哥特式妆容

塑造"哥特式"妆容必备的妆容元素包括苍白的皮肤、黑色或灰色的眼妆和黑色唇膏，现在也有人涂成血红的大嘴，或用粉底完全遮盖唇的红色，创造出苍白的效果。这种妆容体现的是一种优雅的贵族心态和略带无奈、苦涩的心情。她们情绪波动幅度不明显，总是保持着淡然。在学识、修养和品行三个方面均优于常人，能给人高尚、稀有、珍贵、尊崇和佩服的观感。

4. 复古妆容

以优雅的粉紫色来作逐层晕染，打造出深邃的烟熏眼妆。以具有存在感的粉色腮红大面积地涂抹在两颊。在唇部先涂抹一层玫粉色的唇膏，使用唇刷勾勒出明显的唇部轮廓，然后再涂抹一层透明的唇蜜点亮双唇。这种妆容体现了一个人的浪漫情怀，一种轻柔舒缓的感觉。她们的气质中富有浪漫飘逸、略带些浮华、充满文艺气息。

搭配风格体现品位

每个人都有自己的着装标准，不同的服饰搭配，体现不同的气质风度，而且能体现出一个人的品位。

自然、随意的搭配能体现出一个人成熟的品位，对待服饰穿着，随随便便，但是搭配起来很有味道，像一杯储藏多年的酒，一本历久弥新的书，一首经典不衰的歌。这是一种由感性和理性积累的成熟，是坚强和自信的表现，自有一种风韵。自然、随意的搭配还能显现出一种经历风雨坎坷之后的平和，一种尝过酸甜苦辣之后的洒脱。

古典、高贵的搭配体现一个人端庄、典雅、严谨、知性的品位。这类人心如止水、波澜不惊、心平气和、淡定自如、笑不露齿、怒不上颜。处世不惊的高傲，精益求精的品质，造就了其与众不同的气度。这类人中的女性，在着装上会把自己打扮成贵妇人。这类人中的男性在着装上讲格调、扮优雅，多数都是极具理性的，会对帮助过自己的人心存感激。

优雅、柔媚的搭配以女性为主体，体现了女性温婉、恬静、淑雅、清丽的品位。在着装上很讲究质地和风格，外加一种我见尤怜的神态，温文尔雅的举止，衬托出亭亭玉立的意趣。这样的女性追求一颗宁静而悠远、雅致而善良的心。

艺术、戏剧的搭配，显现出的是夸张、大气、张扬的品位。服饰的选择上以休闲类为主。这类人很有原则，不是自己的不拿，不该得的不要，凡事能够从大局着眼，很有风度。承认个人的能力都有局限性，甚至承认科学有局限性，但不否定人的能力，在认识到局限性的前提下尽力而为，很理性。

时尚、前卫的搭配，体现率直、出位、标新立异的品位，突出个性，超越平常。在着装上很讲究时尚，买衣服总爱选择款式、外观最为流行的，他们通常比其他人先购买新式产品，喜欢尝试新上市的品牌，会花更多的时间和金钱在新潮事物上。在做事上追求完美，同时拒绝平庸，对自己的要求和标准很高。

改变发型发色可以改变心情

人们常说"换个发型换个心情",可见,发型的改变能影响一个人的心情。其实,发型不仅能影响心情,也能衬托心情。

由短发蓄长发。这是对自己的未来有所希冀的表现。他们一旦选择了远方,便只顾风雨兼程,相信自己有潜在的能量,不会被习惯所掩盖,被时间所迷离,被惰性所消磨。在困难面前,他们会选择坚持,绝不选择放弃,即使是失败,也不会让自己的人生平庸。

将头发由长剪短,表示一个人遭受了挫折的打击或者是独立意识在增强。由长发一下子变为超短发,甚至光头,则表示对原先自我角色的否定,甚至是心理崩溃,往往意味着一种生活状态的结束。他们会反思之前的不足或者错误,总结经验,吸取教训。短发简单、利落的感觉会使其扔下包袱,继续前行,寻找真正的自我,实现自己的价值。

将直发烫成卷发,是一种由平实的心态转变为愉悦欢欣、情不自禁的心态。他们认为人不能只为自己活着,但也不能不为自己活着,不清高但有时骄傲。感情很真挚,也很直白,尤其是女性,悲伤时就会落泪。不追名逐利,朋友众

多，很现实，活在自己能够达到的欲望里。

由卷发变直发，表示由强烈的感情转化为平和坦然的心态。他们已经领悟，漫漫人生路上，有鲜花铺满的一段，也有崎岖险恶的一段，正所谓：人无千日好，花无百日红。懂得生活不可能事事如意，总会有烦恼和忧愁充斥着平凡生活的每一天。有句话说得不错："事事岂能尽人意，但求无愧于人心"。

由染色变回本色，这个举动代表了一种追求新颖刺激的新事物，渴望自己的生活状态有所改变的心态。一般对新鲜事物有着强烈的求知欲和占有欲，对新生事物极其敏感，对待爱情和友谊难免有些用情不专，他们谦逊但崇尚张扬，希望把平淡的生活变得波澜壮阔。

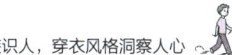

完全散开的发型，表示了个人自我意识的回归或加强，意味着不受规约，在自由状态下随心所欲地释放自我。性格大多介于传统与现代之间，既含蓄世故，又大胆前卫，对成功的渴望很迫切。他们追求自由和个人的哲理，有时甚至言行偏激。他们自我意识强，往往听不进别人的话，不甘心被人领导，却渴望能够驾驭别人。

染红色头发的人，有很强的好奇心以及欲望，属于精力旺盛的行动派。他们会通过各种方式，去接近、探索、了解新鲜的、感兴趣的事物，很执着，一副打破砂锅问到底的架势。他们会每天坚持锻炼，为身体充电。工作中碰到难题，一时半会儿又无法解决时，就去倒杯茶，换换脑筋，然后接着干。累得快透不过气来时，做个深呼吸，或者翻翻体育杂志，上网浏览娱乐八卦，找朋友聊几句，灵感一会儿就来了。

将头发染成绿色的人是追求和平的人，喜欢群体的生活，擅长与周围的人保持良好的和谐的关系，总是给人亲切温和的印象。他们内心真诚，开朗热情，心地善良，热爱生活。在网上聊天，经常会打出表示微笑、随和的字眼，很有亲和力。

染粉红色头发的人，常常想让自己呈现出年轻、有朝气的感觉，希望在旁人的眼中是个高贵的形象。他们有活力、有闯劲，颇有初生牛犊不怕虎的气势，但是遇到挫折会有很强的挫败感，所以需要不断加强学习，不断进行锻炼，努力提高自身的素质，更好地适应环境，使自己更加成熟。

将头发染成棕色的人，个性拘谨，自我价值观很强烈。遇到事情经常畏手畏脚，在处理事情的过程中，又会很担忧，甚至焦虑，担心会出现什么差错。这类人需要缓解自身的压力，给自己一个轻松的环境，同时要多关注身边的人，多听取别人的意见，多为他人着想，使自己更加自信，和他人的相处更加融洽。

染蓝色头发的人，很有理性，面对问题临危不乱，在起冲突时总是默默将事情解决。他们总能站在相对客观的立场看待问题，综合考虑各种客观因素，形成解决问题的办法，较少感情用事，通常能做到就事论事。

将头发染成紫色的人，很多都是艺术家，容易多愁善感。但他们机智中带有感性，观察力特别敏锐，并且对事物的领悟能力、学习能力和判断能力，以及直觉感知能力都很强。思想前卫，与时俱进，具有很强的创新意识和能力。而且善于察颜观色，多半能通过观察细节猜到对方心里在想什么。

鞋跟透露出真实性情

鞋子在生活中是必不可少的，千里之行，始于足下，只有穿着舒服的鞋子才能走得稳，才能行万里路，做万件事。一双鞋的好坏离不开鞋跟的优劣，鞋跟的种类很多，一般可分为平跟、中跟、高跟三大类。

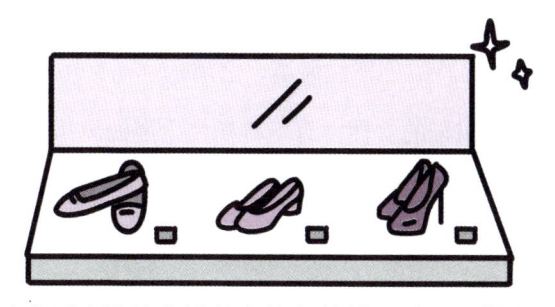

喜欢穿平底鞋的女性的个性很简单，平凡，带有纯真。如果说高跟鞋代表着一种束缚，平底鞋则是一种释放，简约而不简单的设计展现一种洒脱。这类女性性格直率，敢爱敢恨，个性鲜明，不落俗套。

喜欢穿平跟鞋的女性，很念旧，对于自己习惯的人、事、物，总有一份深深的依恋，就算她们的爱人无理取闹、任性、孩子气，对她们也会以一种包容的心态去对待，这种女性对事业有着投入的精神，对生活和家庭有着无限的热爱，是最典型的贤妻良母型女性。在个性上，她们属于拘谨、放不开的保守型；在为人处世上，不够圆滑，常常会得罪人而不自知；在人际关系上，周旋的格局较小；在专业领域中，她们会因默默努力而有成功机会。

喜欢穿中跟鞋的女性，很优雅，很俏皮，也很可爱。她们内心丰富，智慧、博爱，能将理性与感性完美结合。智慧、细腻、关爱，会从她充满迷人韵味的举手投足、一颦一笑间显现。她们对美的见解独到，她们的着装永远都是不张扬而富有格调的，那感觉就像静静地聆听苏格兰风笛，清清远远而又沁人心脾。

喜欢穿高跟鞋的女性，有一种摇曳生姿的风情，走起路来很自信，因为高一点的缘故，感觉很高贵，气质迷人。鞋子有时代表一个女人的尊严，特别是高跟鞋。因为高跟鞋让女人踮起了脚，抬起了美丽的头，挺起了傲人的胸。鞋跟越高证明这个女人越希望自己更加高调，自信独立地踩着美丽的鞋子，迈出轻盈的脚步，翩然上路。

男性很少穿高跟鞋，但是男性也能从穿高跟鞋中获益，适当的跟高能使男性的身材更加伟岸挺拔。所以穿高跟鞋的男性比较注重自身的形象，有很强的自尊心，期望取得不俗的成绩，被人们认可。这类男性工作都非常认真，很有责任心，很受领导的赏识和下属的尊敬。

反映性格特点的"冠"文化

帽子是体贴的,夏天可以帮人遮挡火辣的太阳,冬天可以帮人抵御刺骨的寒冷。一顶款式时尚、颜色适宜的帽子,不仅可以扮靓自己,恰当地配合着装,还能凸显一种独特的气质。通过观察一个人帽子的款式、颜色以及戴法,还可以了解其人的性格特点。

喜欢戴运动帽的人,充满青春活力,给人以轻松自然的印象。在他们的内心总是有一股积极向上的力量,这种力量可以影响到身边的人,让人们感受到他们的快乐,在这种积极的影响下,与其相处的人也都变得开朗、热情起来。

选择圆盘帽的人,很有个性,追求时尚,拒绝平庸。他们关注时尚的最前沿,在穿着或者使用的物品上,都有很多的流行元素,但并不是完全复制,而是都加入自己的想法,看起来更具特色,很有范儿。在生活中,他们多按照自己的想法做事,不顺从,不附和,不违背本心行事,懂得反抗,有独

到的见解，最重视实在的能力，做到能人所不能。

钟情毛绒帽的人，比较有幽默感，而且很务实。他们的生活中充满情趣，能将许多看起来令人痛苦烦恼之事应付得轻松自如。他们用幽默来处理烦恼与矛盾，使人感到和谐愉快，善于淡化人的消极情绪，消除沮丧与痛苦，相容友好。他们具有很强的审时度势的能力，拥有广博的知识，谈资丰富，妙言成趣，触类旁通。

经常戴圆顶窄边帽的人比较考究，有时略显呆板。什么时间做什么事、什么节日穿什么衣服、什么场合讲什么话都严丝合缝，分毫不差。吃穿住行都很讲究，如在外面吃饭很注意餐馆的卫生条件是不是过关，穿衣戴帽很注重场合，家里的摆放总是井井有条，出门开车或者乘车都遵守交通规则。与人相处时，真诚相待，做到问心无愧。

第 03 章

语言语势，展现真实性格

说话方式显露真实性格

公司有一个同事，上班经常迟到。有一天，这个同事又迟到了，还恰巧被主管碰了个正着。主管很生气，在全公司同事面前大肆批评了他。

事后，这个同事很气愤，偷偷地和其他同事抱怨，说："我知道自己迟到不对，可他也应该委婉一点说啊，这让我在同事面前多没面子啊！"

有人安慰他说："咱们主管的性子就是直，他虽然批评了你，可过后什么都忘了。像我同学他们公司的领导，平时什么都不说，可不一定哪天就把谁开除了。"

同事想想，觉得也是这么回事，也就释然了。

人们说话的方式大致可分为三种：直来直去地说、旁敲侧击地说和拐弯抹角地说。

"直来直去地说"就是心里想什么就说什么，对要说的内容，不分详略，不管真假，直接说出来。在现实社会里，总是直来直去说话的人会被认为"性子太直"，一般不太受世人欢

迎。但直言快语往往体现人的直率和真诚，其人多半可靠，本质上值得信赖。

"旁敲侧击地说"就是有话不直说，打着比方说。总是通过说熟悉的东西或道理使陌生的东西或道理变得生动形象、具体可感，引发人的联想与想象，使人印象更深刻。

有时候，这种说话的方式是一种投机取巧，对想说什么却又说不清楚的东西，使用这种方式往往能蒙混过关。经常采用这种方式说话的人一般惯于琢磨，常为自己留下退路。

"拐弯抹角地说"就是想说什么却不直接说出什么，而是十分含蓄地说。譬如，见人酒醉，不便直说，于是说两句"今日的酒看起来是买多了"或者"今天买来的酒的度数恐怕高了一些"之类的话。以这种方式说出的话，有时固然显得比较含蓄，让人感觉颇为温文尔雅，但更多的时候则让人感到说话的人含沙射影，阳奉阴违，酸味十足。

此外，通过说话的速度、语气也能洞悉他人的性格。

大声讲话的人性格活泼，讲话不虚假，人品正直。这种人兼具领导力及责任感，是值得信赖的人。

小声讲话的人若不是气度小，就是善于谋略，做事总是小心翼翼，甚至有点神经质，绝不会对人流露真心。

讲话频频抖动的人精神上经常处于焦虑不安的状态，个性急躁，花钱大手大脚又不懂得赚钱。

讲话口气像发怒的人心胸狭小，性格内向。这种人自卑感强，没有社交性，笨拙不中用，但本性正直。

经常中断他人讲话的人容易生气，但反应快，常常因为武断而造成判断失误，不能体贴对方，是轻率、自私的人。

下意识的言辞代表真实心意

有一次，赵勇无意中在单位听同事谈起自己。谈话中，同事认为赵勇是一个极其追求完美的人，什么事都要求做到最好，有时甚至达到了吹毛求疵的地步。

听到这样的评论，赵勇不禁问自己："我真的是这样的人吗？"

晚上在饭桌上，赵勇和妻子讲了这件事，然后愤愤不平地说："他们这根本就是瞎说嘛，我哪是这样的人。"

这时，女儿小雪忍不住插嘴了："你同事说得很对啊，小学五年级时我参加了学校的朗诵比赛，得了第二名。比赛结束后，我欣喜地跑向你，没想到你却黑着脸对我说：'你看人家获一等奖的那个小朋友，声音多甜美，表情多自然，比你好多了！你呀，真让我失望！'"

"我都表现那么好了，可你对我却只有批评，没有夸奖，总是希望我做到最好，你说你不是追求完美是什么？"

"我那些话只是随便说说，不能当真。"赵勇还为自己强辩。

小雪更加不服气了："我们老师说，随便说的话才最能说明人的心思呢！"

从赵勇对女儿随口说出的那些话，我们确实能判断他的性格真如同事所言。专家表示，人类内心真实的心声已经淹没在了错综复杂的社会关系当中，每个人说的话都虚虚实实、真假难辨，在人类所有的语言表达当中，随意说出的话最能反映内

心的真实想法。

　　人类总会在无意中脱口而出一些话，并认为这些话只是情绪一时失控的表现，是与自己的真实想法相悖的。实际上，随意说出的话，通常都是心理状况直接反映到大脑的真实写照，这些话是在无意识中说出的，看似不能说明什么，其实正是内心潜意识的真实表现，是宣泄心中愁绪的一个重要渠道。

　　杨霞和好朋友李曼吵架了，当时杨霞很生气，发誓不再过问李曼的任何事情。后来，杨霞就和其他同学一起去上体育课了，只有李曼一个人因为心情不好待在了教室。

　　体育课后，有一个同学说自己的手表被人偷了，大家开始传言是李曼偷的，因为上体育课时只有李曼一个人在教室。听

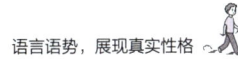

到同学这样说，杨霞想都没想，冲同学大声喊道："不是李曼偷的，她根本就不是这样的人！"

话说出后，杨霞自己也吓了一跳，因为她刚刚才发誓不再管李曼的事，而且她并不能百分百确定手表不是李曼偷的。

后来，那个丢手表的同学突然想起自己的手表是忘在洗手间了。

所谓言由心生，杨霞打心底里相信李曼的人品，所以才会不由自主地说出那些话。虽然她告诉自己不再管李曼的事，但那句脱口而出的话恰好暴露了她真正的心思：只要李曼有事，她还是会管的。

当我们搞不清楚自己的真实想法时，就很容易犯错，伤害他人，也伤害自己。这时，不妨听听自己在无意中说出了什么意想不到的话，并认真思考其背后隐含的深意。

仔细分辨，看穿谎言

"骗子"是对说谎者的称呼，倘若一个人被印上了"骗子"的商标，那他在生活中会没有朋友，在工作中会没有合作伙伴，成为他人打压、排挤的对象。尽管如此，我们还是会随时随地看到骗子。那我们怎样才能分辨一个人是不是撒谎，使自己免受谎言的欺骗呢？

纽贝瑞曾做过30年的联邦干员和5年的警员，这些工作经验使他成为判断一个人是否在撒谎的高手。他说："要判断一个人是否说谎，先看他所叙述的是否符合逻辑。"

若有一个枪击事件的目击证人宣称，他听到枪声后，不敢看只是慌张跑走，那这个人肯定是在说谎。因为当听到杂音时，人的正常反应是向声音发出来的地方望去，而不是直接逃走。任何谎言都有漏洞，通过逻辑分析，我们可以判断一个人是否在撒谎。

金山大学心理学教授玛琳·苏立文说："不诚实的人总是改变自己的行为，这是一个重要的指标。你要特别注意平时很焦虑但现在看来很冷静，或是平时很冷静但现在看起来很焦虑的人。"当一个人的行为与平日的行为相差很大时，我们可以理直气壮地怀疑这个人所说的话的真实性。

当你跟某人说："你去哪里呢？"而他回答说："我去商店，我需要一些蛋、牛奶和糖，我需要走慢一点的原因是因为差点撞倒一只狗……"如果一个人在回答你的问题时夹杂了太多的细节，那他有可能是在逃避现实，正在缜密地设计着谎言。

此外，撒谎者通常还会用一些小动作掩饰内心的不安。下面我们具体分析一下：

经常摸鼻子：采用这种动作的人是为了掩饰心中的慌乱，或是希望转移对方的注意力，因为他们觉得自己的其他部位更容易暴露出自己正在说谎。

笑容比较少：每一个撒谎者都是违背自己的良心在说话，说谎时，他们会不由自主地觉得心虚，或者因为害怕谎言会被揭穿而提心吊胆。心情处在一种焦虑状态，笑容自然也就少了。

揉眼睛：用手揉眼睛这个动作有男女之分，男人会用力地揉眼睛，如果谎说得过大，他们还会把视线转向别处，较多的是看地面，也有的看周围的景致，为的是在说谎时避免目光与对方的视线接触；女人多半是轻轻摸一下眼睑的下方，她们担心把眼睛周围的妆弄花了。

东张西望：有的人比较胆小、怕事，或者根本就不会说谎，他们说谎就是在做亏心事，所以不敢正视对方的眼睛，以此来减少说谎给自己带来的煎熬。这种人说谎通常是有不得已的原因，往往是可以原谅的。

通过一个人的动作、神态等，我们有时可以很容易地判断出一个人是否在撒谎。不过，谎言其实分很多种，有善意的谎言，也有恶意的谎言。恶意的谎言我们当然不能原谅，但是对于善意的谎言，我们应该谅解，甚至因此而感到欣慰。

说话内容透露出行事风格

一个人的性格可以直接反映在他说话的内容上。人和人的交谈，实际上就是性格和性格的相互碰撞，有的碰撞出了火花，有的却把对方撞得遍体鳞伤。

有一个秀才连续三年参加科举考试才得了一个山西某县县

令的职位，到任的第二天，他去拜见太尉，但一时想不出该说些什么话。

沉默了一会儿，他忽然问道："大人贵姓？"这位太尉大吃了一惊，勉强说了自己的姓。

秀才又没话说了，低头想了很久，说："大人的姓，百家姓中没有。"

太尉更加奇怪，说："难道你不知道我是旗人吗？"

秀才又问："大人是哪一旗的人啊？"

太尉说："正红旗。"

秀才说："正黄旗最好，大人为什么不在正黄旗？"

太尉勃然大怒，大喊道："请问你是哪一省的人啊？"

秀才答道："安徽省。"

太尉说："广东省最好，你怎么不生在广东呢？"

秀才大吃了一惊，这时才发现太尉的脸已经气得发青了，就赶紧告辞回家了。第二天，上司对他说："从我们上次的谈话，我就知道你是一个为人老实，性格木讷，又不懂得变通的人，你这样的性格根本就不适合官场。教书环境单纯，你回去教书吧。"

没有什么比一个人的说话内容更能体现出他的性格了，秀才短短几句话，就将自己的缺点暴露无遗，也改变了自己人生的发展方向。

说话内容总是围绕自己的人性格比较外向，为人忠厚。他们的感情色彩鲜明而强烈，主观意识比较浓，只不过有时有虚荣心强之嫌。在他们的内心深处，渴望他人能够关注自己，了解自己，从而让自己成为公众焦点。

有些人的话题总是围绕着金钱打转，其实，这类人内心隐隐潜伏着不安全感。受这种不安全感的驱使，他们把赚钱作为自己人生的唯一梦想，即使积累再多的财富，他们也不能满足。

说话拖拖拉拉，废话连篇的人，多比较软弱，责任心不强，遇事易推脱逃避，胆子比较小。虽然对现实的状况有诸多不满，但缺乏开拓进取精神，并不会寻求改变，只是在等待。

说话非常简洁的人，性格多豪爽、开朗、大方、行事相当干脆和果断，凡事说到做到，拿得起放得下，从来不犹犹豫豫，拖泥带水，非常有魄力，开拓精神可嘉，有敢为天下先的胆量。

有人在谈话中总是把话题扯得很远，或者不断地转变话题，这说明他们思想不够集中，而且缺少必要的宽容、尊重、体谅和忍耐。

不一样的音色，不一样的性格

西晋时，有一位智者叫王湛，他从小沉默寡言，家族中的人都认为他智力有问题。父亲去世后，他为父亲守丧三年。丧期满了之后，就一直居住在父亲的坟墓旁。

他的侄子王济才华横溢，风姿英爽，被晋文帝司马昭选为女婿，与常山公主成婚。王济每次祭扫祖坟时，从不去看望叔父，偶然见一面，也只不过说几句客套话罢了。

有一次，王济在爷爷的坟前遇到了王湛，就礼貌性地问了一下他的近况，没想到王湛回答时措辞、音调适当，音色温顺平畅。王济大吃一惊，不禁对叔父刮目相看，并主动留下来与他日夜探讨。

有一次，王济听了叔父的谈话后，不禁长长地叹了一口气，说："家里有名士，三十年来却不知道！"王济虽然才华出众，性格豪爽，但在叔父面前，只有自叹不如。

从前，晋武帝见到王济的时候，常拿王湛当作取笑的笑柄，问他："你家里那位傻子叔父死了没有？"王济往往无辞答对。这一回，他对叔父有了认识，当武帝又像过去那样问起时，他便说："臣的叔父并不傻。"接着，就如实地讲了王湛的优点。武帝问："可以和谁相比？"王济说："在山涛之下，魏舒之上。"

经王济这一番宣传，王湛的名声一天天地大了起来，他开始步入政界，终为人所知。

王湛的音色属温顺平畅型，这种人说话速度慢，语气平和，性格温顺，对外界人事采取一种逃避态度。如果他们能遇上一个肯提携他们的人，从中帮一把，教导他们磨炼胆气，知难而进，那么，他们就会成为刚柔并济的人物，会有一番大作为，令人刮目相看。王济就是通过叔父的音色判定叔父并非一般人，才和他深入交谈，认定叔父是有大才的人。不同的人，拥有不同的音色，通过音色，我们可以判断对方的性格，甚至才华、学识。

音色铿锵有力的人说话往往速度很快，但言语流畅，声音的顿挫富于变化，并且能言善辩，凡是他们想到的事情，就会毫不考虑地说出来。他们与人交谈时，为了让别人更加关注他们，还会在说话时把声调抬高。

音色低沉的人说话节奏十分缓慢，平铺直叙，很少会表现出抑扬顿挫的声调变化，与人交谈时会保持一定的语气与异常冷静的态度。这类人多半是善于言谈的内向型的人，处事清晰明朗，会给人一种考虑很周到和用词很恰当的感觉。这类人对他人的防范心非常强烈，并且认为对方没必要知道多余的事情。

音色激荡回旋的人好奇心强，有独特的思维能力，敢于向传统挑战，敢于向权威说"不"。他们对事业的开拓性强，经常有些奇思妙想，令人赞叹。他们的缺点是不能冷静思考，难以被世人理解，最终成为孤胆英雄。

音色平稳的人善于思考，做事执着，一旦认定什么事就会毫不犹豫地去做；音色虚软的人很有心计，城府很深，气度较小；音色轻快的人敏感，有着较好的直觉力和想象力，很容易受到伤害。

弦外之音如何理解

有一个书生，连续三年科考都没有考中，全靠妻子平日里刺绣维持生计。

一日，一个许久没见的同窗登门拜访，书生念及两人的同窗之谊，留他在家小住几日，并好酒好菜地招待着。渐渐地，家中的酒菜快吃光了，钱也用光了，可那位同窗却丝毫没有打道回府的意思。

隔天，吃完饭后，书生陪着同窗聊天，看着窗外的景致，对他说："你远道而来，这几天我都没有准备什么丰富的菜肴招待你，真是不好意思！"

"别这么说，我觉得一切都很好，不但你和嫂子款待周到，而且吃得好，睡得好，感激不尽呢！"

"看，窗外树上有一只鸟呢，以前见过吗？"

"看到了。怎么啦？"

"我等一下准备抓那只鸟来煮，晚上我们喝酒时，才有下酒菜呀，你觉得如何？"

同窗立刻领会了书生的意思，第二天，就谢别书生离开了。

中国人说话的特点是含蓄，要表达什么意图通常不会直说，而是迂回委婉地讲出。听话人需要细心领悟与揣摩，仔细听出"弦外之音"。中国语言的精深，全在"弦外之音"上。

人际交往中，要听出他人的弦外之音，一些常用的字句可以让你有迹可循。如果有人在讲话时用"坦白说""说真的""老实说"这些字眼，通常表示说话的人本身并没有自己声称得那么坦白、那么真诚和老实。

"只"这个字在谈话中表示强调，但实际上，说这话的人其实是在减缓自身的罪恶感，或者把不愉快的结果、可能招致的指责撇开。"我只需要你5分钟的时间"，这句话暗示着对方其实是要占用你超过5分钟的时间;"我只不过是个平凡人",那些捅了娄子却不愿意负责任的人经常会以此为自己的行为辩解。

当某人的说话速度比平时慢时,表示他心中有不满的情绪,或对你怀有敌意;相反,如果一个人有愧于心或者在说谎时,说话的速度自然而然就会快起来。对于一些不便明说的话题,如果对方不假思索就回答了你,那他的话可信度就比较高;但如果你的询问使对方犹豫或陷入思考,则说明你已经说出了对方的心里话,他正为要说违心之论而陷入小小的心理矛盾当中。

口头语隐藏玄机

语言是人类的第二表情,而语库中使用率和重复率较高的口头禅,具有某种心理投射功能,在一定程度上揭示了说话者的内心世界。

李岩为人活络,左右逢源,是办公室的开心果,尤其他那句"还不错嘛"的口头禅,经常在节奏紧张的职场中显示出化腐朽为神奇的力量。

那天，同事赵艳气喘吁吁地冲进办公室，丢下包，一屁股坐下，拿着手中的考勤卡边扇风边抱怨："没见过这么倒霉的司机，今天我都比平时早5分钟出门，结果那个司机赶上了所有的红灯，害得我下车一阵猛跑，8：58打的卡，多悬啊！"

"还不错嘛！"李岩的口头禅又冒了出来，"没迟到，那位司机特地为你算好了时间，不是还富裕2分钟嘛！"

一席话说得赵艳笑了起来，"嗯，就当跑步减肥了。"

李岩的这句"还不错嘛"的口头禅一天要说好多遍，遇到高兴的事，无疑是锦上添花，遇到烦心的事，李岩的口头禅外加他那宽容、客观的劝解，无疑又是雪中送炭，怪不得李岩在办公室中那么受欢迎呢。

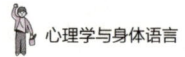

"真没劲""烦死了""有没有搞错"……日常生活中，这些口头禅时常灌进我们的耳朵，我们也经常通过一个人的口头禅分析他的性格。那么，你经常使用的口头禅是什么？它又揭示了你哪些性格呢？

1. "听说""据说""听人说"

用此类口头禅，是希望给自己留有余地，这种人虽见识广，决断力却不够。处事圆滑的人，易用此类语，在办事过程中，他们会时刻为自己准备着台阶。

2. "说真的""老实说""的确""不骗你"

这种人总是担心自己会被对方误解，性格有些急躁，内心常有不平。他们十分在意对方对自己所陈述事件的评价，总是一再强调自己说话内容的真实性，希望自己在团体中可以被认可，并得到很多朋友的支持和信赖。

3. "啊""呀""这个""嗯"

词汇少，或是思维慢的人，在说话时常利用这些词作为间歇的方法，久而久之，就成了口头禅。因此，使用这种口头禅的人通常反应较迟钝，不过，也有些喜欢摆架子的人用这种口头禅。

4. "凑合着吧""没劲透了""活着真没意思"

一看便知，这类口头禅肯定会将消极情绪传染给他人，长此以往，会让使用者在社会生活中成为不受欢迎的人。

5. "你先听我说"

这种人非常在意自己的看法，一个"先"字，表露出他们担心对方误解自己的心理。他们在沟通中经常将别人打断，或不让对方说话，性格有些急躁，内心常有不平。

口头禅反映了人的一种情绪，是人在当时的一种心态，能够间接反映一个人的性格。口头禅作为下意识的表现，可以帮助我们去认识一个人。

第 04 章

细微之处,破解表情密码

面部表情隐藏的深意

表情是心情的真实写照，人有许多种面部表情，而且各种表情的变化十分迅速、敏捷和细致，能够真实、准确地反映情感，传递信息。所以有句话说得好："看人先看脸。"脸是一个人价值与性格的外观表现。

有些人总是面带着微笑看着对方，其实这并不意味着他们赞同你的观点，他们只是用微笑来掩饰内心真正的想法。这类人通常做事不露锋芒，不爱表露自己的真实想法，喜怒不形于色，谨小慎微，即使在复杂的人际关系中，他们也能游刃有余。

习惯咬嘴唇和舌头的人，从性格上看，一般是心无城府、喜怒形于色的人。如果在听人说话时做出这种动作，说明他们对讲话的内容不太感兴趣，或者是想发表自己的看法，但又不知道如何开口。

喜欢皱着眉头的人，在听别人说话时很少发表意见。其实，这并不表示他们反对发表的言论，恰恰可能是因为他们正在仔细听对方的话,并进行深入的思考。这类人通常具有批判精神,总试图提出与众不同的意见。

下巴的动作也会出卖你。下巴微微下坠,说明正处于认真又放松的状态;伸长下巴,表明极度疲乏,需要很好地休息;下巴抬高,表示现在内心很骄傲;用手托住下巴,表示内心很不安、孤独。

当然,有些人在交往中不愿透露自己过多的心思,于是用表情掩饰自己内心真正的想法,可能你看到的明明是微笑的表情,但实际上对方早就已经为某件事在心里怨恨你了;可能你看到一个人正面无表情地盯着一个地方,好似在观察什么,实际上他只是在发呆。表情有时候与真实的想法是不一致的,但只要你认真观察,总能在脸部找到蛛丝马迹,说谎的表情也有说谎的表现和暗示,只是我们忽视了而已。

不同笑容代表不同性情

笑容是人类生存的一种本能，是人与人交流的最古老的方式之一，是全人类都懂的一种表情。笑声，就像间谍们发送的电码，需要特殊的密码才能解读出它所代表的真正意义。那么，不同的笑容又揭示了怎样不同的性格特征呢？

我们先做一个心理测验：

有一个小朋友，他在上语文课时，突然很想上厕所，便举手和老师说："老师，我要大便！"老师非常生气地说："不可以用这么粗俗的字眼，不准去！"就命令他坐回去，可是那名小朋友还是憋不住，只好又举手说："老师，我的屁股想吐！"

看到这里，你会怎样笑起来呢？

A. 呵呵冷笑或是干笑

B. 遮住嘴巴笑

C. 嘴巴张得大大的，毫不掩饰地笑

D. 想憋又憋不住，扑哧笑了出来

测试结果：

A. 呵呵冷笑或是干笑

你很有心机，总可以通过影响别人，达成目的；你无时无刻不在观察别人，是个厉害的狠角色；你还经常看不起别人，时常贬低别人来抬高自己，身边不会有很多朋友。

B. 遮住嘴巴笑

你是那种宁愿自己生闷气，也不会轻易透露心中想法的人，你总是紧闭心灵，却又渴望别人能主动了解自己，为人有点现实且有点固执，一旦下定决心做某件事，就会坚持到底，别人说什么都不能改变你的决定。

C. 嘴巴张得大大的，毫不掩饰地笑

你是一个敢于担当的人，遇到难处总能挺身而出，并能设法解决；你很有自己的主见，说做就做，做事从不拖延。你待人通常两极化，不是极好就是极坏，因为你是个嫉恶如仇的人，很少和自己讨厌的人来往。

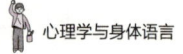

D. 想憋又憋不住，扑哧笑了出来

你是一个心地善良的人，当他人有困难，你可以不吝惜地为他人分忧，但是你也是最常忽视自我需求的人，可能为了别人而牺牲自己。

通过上面的心理测试，我们可以看出不同的笑容代表了不同的性格。我们要善于从他人的笑容中分析其是一个具有怎样性格的人，他是不是一个值得我们真心对待的朋友，从而在与其交往时把握好分寸和尺度。

每个人都希望别人能对自己笑脸相迎，但实际上，微笑也有真有假。解读他人的笑容，第一步就是要辨别它是真笑还是假笑，笑容的真假能让你瞬间读懂正在寒暄的两人之间的真正关系，是亲密还是疏远，你甚至还可以从对方的笑容中估计出他对你的想法和态度。那么，如何辨别一个人笑容的真假呢？

一般而言，真实微笑持续的时间为0.6~4秒；而假笑则不同，它持续的时间比较长，同时会让人感到别扭。其实，任何一种表情如果持续的时间超过10秒或5秒，大部分都可能是假的。通过计算微笑消失的时间，我们可以判断他人的笑容是否真诚。

观察对方嘴角肌肉的运动方向，我们就可以看出此人是真诚地笑还是虚情假意地笑。真笑时，嘴角会向眼睛方向上扬；若是假笑或"应付"的笑，嘴角会被拉向耳朵方向，嘴唇会形成长椭圆形，笑者的眼中也不会透露一丝情感。

笑容揭示的秘密很多，我们不仅可以根据笑容判断对方的性格特征，还可以根据笑容的变化看穿对方的心思，根据笑容判断对方是不是一个真诚的人。千万不要以为自己可以把真正的心思隐藏在笑容底下，有时候，恰恰是笑容让人看清了你。

解析微表情的本质

微表情，是内心的流露与掩饰，是心理学名词。人们通过做一些表情把内心感受表达给对方看，在人们做的不同表情之间，或是某个表情里，脸部会"泄露"出其他信息。

宋博和曾雄是好朋友，也是大学同学。在一次同学聚会上，有一个同学高兴地告诉大家他的两个孩子都找到了不错的工作。所有人都纷纷对他表示祝贺，真心地替他感到高兴。

后来，曾雄悄悄地对宋博说："他一定是在说谎。"

宋博不解地问："为什么这样说？他看上去那么高兴，应该是真的吧？"

曾雄说："他表面上是很高兴，但那是装出来的，你仔细观察他的微表情就知道了，他刚才露出了一刹那犹豫、迟疑的神情。"

后来宋博碰见那位同学的妻子，他的妻子悄悄告诉宋博自己两个孩子的工作都不太理想，只能勉强过日子，希望宋博能帮孩子想想办法。她丈夫是个好面子的人，拉不下脸来求人。

同学的妻子走后，宋博心想："看人真的不能看表面，还要时刻注意微表情啊！"

宋博这位同学的微表情泄露了他内心真正的想法，但大部分人都没有察觉到，都相信他讲的话是真的。"微表情"一闪而过，通常甚至连清醒地做表情的人和观察者都察觉不到。比起人们有意识做出的表情，"微表情"更能体现人们真实的感受和动机，善于捕捉微表情的人，总能透过现象看本质。

微表情通常只是一刹那的心理流露，通常会淹没在他人的表情当中，但有时即使忽视了，我们的大脑也仍会受其影响，改变我们对别人表情的理解。所以，如果某人很自然地表现"高兴"的表情，且其中不含有"微表情"，我们就能断定这人是高兴的。但是如果你发现其间有"嗤笑"的微表情闪现，就算你没有刻意去察觉，你也更倾向于认为这张"高兴"的面孔是"狡猾的"或"不可信的"。

人类主要有七种微表情，每种微表情都有特定表现：

高兴：嘴角翘起，面颊上抬起皱，眼睑收缩，眼睛尾部形成"鱼尾纹"。

伤心：眼睛不自觉地眯起，眉毛收紧，嘴角下拉，下巴抬起或收紧。

害怕：嘴巴和眼睛张开，眉毛上扬，鼻孔张大。

愤怒：眉毛下垂，前额紧皱，眼睑和嘴唇紧张。

厌恶：鼻翼向上提，上嘴唇上抬，眉毛下垂，眯眼。

惊讶：下颚下垂，嘴唇和嘴巴放松，眼睛张大，眼睑和眉毛微抬。

轻蔑：嘴角一侧抬起，作讥笑或得意笑状。

无表情表示什么

陆林和梁静刚结婚时家里一贫如洗，但两人感情很好，共同为这个家努力。后来，生活渐渐好了，两个人的感情却出现了危机。

陆林整日在外面应酬，经常半夜醉醺醺地回家，起初，梁静总为这事和他吵架，每次两人都各执一词，互不谦让。每次吵架之后，两个人僵持几天也就和好了。可是，随着吵架次数的增加，这好像成了家常便饭，陆林和梁静谁也不愿再理睬对方。

随着彼此间的矛盾发展到极端，他们每次见了对方都是一副没有任何表情的样子。这样过了不久，两个人就办了离婚手续。

一位心理专家分析，当一个人没有任何表情的时候，并不说明这个人内心没有任何的情绪。有时候，没有表情是最可怕的表情，它往往代表着错综复杂的心绪，这种心绪一旦爆发出来，就会引起不堪设想的后果。

在当代社会文明礼仪中，我们每个人都会戴着一张"面具"，我们需要用这张面具保护自己。例如，你在单位受到了领导不公平的指责，你很有可能是以一张毫无表情的脸面对领导，领导从你的表情看不出你任何的真实想法。实际上，你现在心中十分愤怒，已经在为自己的去留作打算。当你深思熟虑之后递交辞呈时，领导还没有摸清状况，因为你之前没有表露任何的蛛丝马迹。

一张毫无表情的面孔其实是一种自我保护的手段。没有人愿意把内心活动完全暴露出来，每个人都或多或少地需要有自

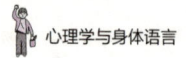

己的"隐私"。某些人在某些场合很担心自己的心理动态被察觉，于是极力隐藏内心活动，表情和内心截然不同，令他人无法从表情看透其真实感情。

人类面对任何事，无论大小，都会有一些心灵上的触动。倘若一个人面对任何事都没有表情，那这个人一定是一个城府很深的人。和这样的人交往，你要加倍小心。

同时，面对没有表情的人，我们也要试图从他的手势、脚部动作等细微的地方探寻他真正的想法，及时解除他的心结，以免将来造成无可挽回的损失。

眨眼睛的真实意图

据心理学家研究，眨眼睛的速度和方式也能反映出一个人的心理变化和思想情况。我们每个人每天都在不停地眨眼，正常人每分钟要眨眼10~20次，通常2~6秒就要眨眼一次，每次眨眼要用0.2~0.4秒的时间。不算睡眠时间，一个人一天大约要眨上万次眼，人体中最忙的就是提睑肌了。

我们知道，当外界有飞虫或者其他物体飞向眼睛时，我们的眼睛会快速作出反应，或眯眼或闭眼，避免眼球受到伤害。同样地，当一个人要通过眼睛表现自己的情绪时，也会利用眼睑来调整视线的穿透力度，或用眨眼来掩饰自己的慌乱或不知所措。

因此，通过对他人眨眼情况的把握，也能够帮助我们更好地了解对方。

1. 高压状态下眨眼频率会提高

普通人在放松的状态下，每分钟会眨眼6~8次，每次眼睛闭上的时间只有十分之一秒，但是如果此时这个人正处在高压状态下的话，他眨眼的频率就会显著提高，如撒谎的时候。

2. 眨眼时间拉长表示不想继续纠缠下去

当人们对他人感到厌倦、无趣或者认为自己高人一等时，每次眨眼时眼睑闭合的时间就会远远长于正常情况的十分之一秒。这其实是人们的大脑企图阻止眼前人进入自己视线的一种下意识的行为。如果有人对你做出这样的动作，那就意味着他已经没法忍受跟你继续纠缠下去。如果他的眼睛一直闭着，那就表示他的头脑里已经完全不在考虑你的存在了。

3. 东张西望的人对于眼前的人或事物缺乏安全感

当人们的目光上下左右四处看时,我们通常认为是在观察整个房间的事物,但实际上这是大脑在搜寻逃跑的路线。所以,东张西望的神情是人们对于眼前的人或事缺乏安全感的表现。

另外,当你和一个特别讨厌的人说话时,你本能地会想要看别的地方,寻找可能摆脱这个人的办法。但是因为我们大多数人都知道,目光转向其他地方是对谈话失去兴趣的表现,会让对方感受到自己逃跑的渴望。所以,为了避免引起对方的不快,我们会更专注地看着这个讨厌的谈话对象,并且用紧巴巴的微笑伪装出很感兴趣的样子。

约会表情背后的心理

约会对每个恋爱中的人来说都是最浪漫的事情，是心里感觉最幸福的时刻。约会中的双方，总是试图从双方的表情中看出自己在其心目中的地位，从而得到心理上的满足。

根据约会时的表情，我们可以窥探对方的心理，为爱情的判断多提供一些参考。

1. 彬彬有礼型

这种人嘴角始终挂着微笑，总是一副在认真听你讲话的表情，极具亲和力。

无论男人或女人，约会时显露出这种表情都会给人留下成熟稳重、富有内涵的印象，是讨人欢心的类型。不过，这种人总是极力掩饰自己的真正想法与感受，他们像蜗牛一样背着重重的壳，总是对爱情持有一种观望态度，别人很难走进他们的内心。和他们约会的对象千万不可掉以轻心，因为这种表情并不说明他们对你也有好感，有可能他们接人待物一向如此。

2. 全神贯注型

这种人的表情像太阳一般热情灿烂，眉飞色舞，手舞足蹈，言语幽默，滔滔不绝。

一见面对方就表现出如此的热情，无疑他对你产生了浓烈的兴趣，于是极力表现他的魅力，希望能引起你的注意。和这种人约会，你时时刻刻都会有惊喜，并能享受浪漫的情调。不过这种人的爱情通常来得快去得也快，他们总能在爱情中出入自由。如果你的约会对象是这种类型的人，那你要时刻保持警惕，并设法让爱情保鲜，不断寻求刺激，否则你会很快对他失去吸引力。

3. 紧张兮兮型

这种人满脸通红，并流露出紧张的神情，低着头不敢正眼瞧你，握紧双手，说话还有些"口吃"，身子微微颤抖，不停玩弄手边的小东西。

这其实是一种很可爱的表情，说明对方已经被你深深地吸引，想和你进一步发展。但是由于太在乎，表情反而变得不自然。这种人一旦喜欢上一个人，就会很认真地对待这份感情，时时刻刻将你记挂在心上，并珍爱你一辈子，是比较理想的恋爱对象。

4. 不拘小节型

这种人和你在一起很自然，表情没有一点涟漪，就好像和老朋友在一起一样。

初次见面就有如此的表现，说明对方对你并没有爱的欲望，只是单纯把你当朋友看待。如果你的约会对象是此种类型，那你对他的爱情最好就到此为止，否则很容易陷入单恋的牢笼。

5. 冷静严肃型

这种人表情镇定自若，抿嘴皱眉，双眼紧紧跟随着你，关注着你的一举一动，像是要把你从外到里看个透彻。

这种人通常对爱情保持一种警惕的状态，在对你没有充分的了解之前，会与你保持距离，思考是不是进一步和你发展下去，这种人不会轻易付出真心。和这种人约会会很累，对着这样一张脸，你看不透他的心思，总是不停地揣测，劳心劳神。

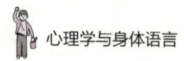

6. 眼神飘忽型

这种人眼神飘忽，有点坐不住，常常会四处张望，与你说话也是有一茬没一茬，反应迟钝，时而看看手表，时而玩弄手机，给人"身在曹营心在汉"的感觉。

在约会时他如此心不在焉，只能说明他对此次约会根本提不起兴趣，无心谈情说爱，只想着能赶快结束约会，逃离现场，摆脱尴尬的境地。对这样一个随时想逃跑的人，既然无法忍受，何不遂了他的心愿，尽早结束此次约会呢！

眼神可以传递小心思

眼神是心灵之窗，孟子认为，观察人的眼睛，可以知道人的善恶。他说："存乎人者，莫良于眸子。眸子不能掩其恶。胸中正，则眸子瞭焉；胸中不正，则眸子眊焉。听其言也，观其眸子，人焉廋哉。"这说明，人的心底是善是恶，都能从无法掩盖的眼神里显示出来。

眼神传递的心理，在两性关系上尤为突出。古时候，当两性相爱时，曾有"目成心许""暗送秋波"之词，来表达他们的情花爱果。当今，使用的词语更丰富，比如"含情脉脉""眉目传情""一见钟情"等。因此，眼神虽不是有声语言，却恰似有千言万语。正如古罗马诗人奥维特所说："沉默的眼光中，常有声音和话语。"

可见，眼睛其实会说话，通过对方的眼神，我们就能知道他在想什么。同样，在人际交往中，不同的眼神也代表不同的含义。

一旦被别人注视就将视线突然移开的人，大多自卑，有相形见拙之感；无法将视线集中在对方身上并很快收回视线的人，多半属于内向性格，不善交际；说话时，将视线集中在对方的眼部和面部，说明其在认真倾听，是对对方尊重和理解的表现；只注意自己手中的活计，不看对方说话，是怠慢、冷淡、心不在焉的流露。

仰视对方，是尊敬和信任之意；俯视他人，是有意保持自己的尊严；伴着微笑而注视对方，是融洽的会意；皱眉注视他人，是担忧和同情；面无悦色的斜视，是一种鄙夷；看完对方突然一笑，是一种讥讽；突然圆眼瞪人，是一种警告或制止；从头到脚地巡察别人，是一种审视。

另外，眼睛的清浊如何，也能折射出人的心理活动特征。经常表现为睡眼惺忪的人，看起来是一副傻相；而表现为眼睛雪亮，目光炯炯的人，显得聪明伶俐。

　　人际交往中，如何做到见面打招呼就能让对方从你的眼神中读出微笑？可以试用这个方法：打招呼之前，先用眼睛静静地看对方1秒，将对方的面容印入脑中，然后从眼睛开始，让亲切和温暖的笑容从眼部表现出来，再慢慢扩散到整个脸上。1秒的目光停留，是为了给对方一个尊重的礼遇和专有的笑容，容易让对方留下深刻的印象和好感。

第 05 章

无声之语，吐露真心实意

脚透露出的秘密

犹太人是世界上最有生意头脑的民族，他们很善于从他人的"脚语"中察觉对方的心理。

有一位圆滑世故的美国商人与一位犹太人谈生意，谈判时，这位美国商人发现犹太人露出了不快的神情，似乎不愿意继续和他谈下去。为了做成这笔生意，他委婉地说："我诚心诚意地要做成这笔生意，我已经把底牌都摊给你看了。"他满以为如此诚恳的态度一定能令犹太人感动，但犹太人的态度反而更强硬了，因为他已经发觉了美国商人口是心非，最后这笔生意也不了了之。

在现代汉语中，有许多描述"脚语"的形容词，如描写脚步的轻、重、缓、急、稳、沉、乱等。其实，脚步的这些状态与人的内心变化有着密切关系。因为人的心情不同，走路的姿势也就不同；人的秉性各异，走起路来也有不同的风采。

"脚部让我们露出马脚的原因可能是因为它们是反馈最少的身体部位。"曼彻斯特大学心理学系主任杰弗里·贝蒂教授表示分析说。

贝蒂还表示:"大部分人知道自己的面部表情是什么,可以戴上微笑面具,可以掩饰眼神;有人注意到自己的手正在做什么,但除非我们刻意去想,否则完全不知道自己的脚在干什么。"

人在站立时,脚往往会朝向他心中惦念或追求的方向或事物。譬如,有三个男人站在一起,表面看来他们在专心交谈,谁也没有理会站在一旁的漂亮姑娘,但实际上不是这么回事,每个人都有一只脚的方向对着她。也就是说,每个人都在注意她,他们专心致志的交谈只是一种假象,"脚语"早在不知不觉中暴露了他们的真正意图。

一位端庄秀美的女子,走起路来却匆匆忙忙,脚步重且乱,从"脚语"我们可以判断她一定是个性格开朗、心直口快、不留心眼儿的人,这就与其外表严重不符;反之,如果某人看上去五大三粗,走路却一副小心翼翼的样子,那他通常是个心思细腻的精明人,这种人往往心机较重,做事滴水不漏。

观察双脚,还能判断一个人是否在撒谎。如果一个人的双脚完全静止,安分得有点过分,那他正在说谎。

另一位英国心理学家莫里斯也表示:"人体中越是远离大

脑的部位,其可信度越大。"人体距离大脑中枢最远的部位非脚莫属,因此,脚比脸、手诚实得多,它的每一个动作都构成了独特的"脚语"。

坐姿看出对方习惯和修养

当人在坐着的时候,总会寻找一个自己认为最舒服的姿势。因此,当你全身放松时,你不经意间的坐姿可能会在不自觉中向他人透露出你的性格特点和内心秘密。下面我们分析一下几种典型坐姿的性格特征。

正襟危坐者:双腿并拢垂直于地面,腰杆挺直,有这种习惯的人为人真挚诚恳,襟怀坦荡,做事有条不紊,但容易较真。在陌生环境中,这往往是身份较低者紧张、重视对方的表现。

跷二郎腿者:对身居高位的人士而言,这是有优越感的表示。要是加上抖腿,可能是因为开心或心情比较放松,但也可能是不拘小节或脾气急躁的表现。

将椅子转过来、跨骑而坐者:这是当人们面临语言威胁，对他人的讲话感到厌烦或想压下别人在谈话中的优势而做出的一种防护行为，是攻守兼备的表示。有这种习惯的人，一般总想唯我独尊，称王称霸。

身体蜷缩者：弯腰低头，小腿缩到凳子下、双手夹在大腿中间，这是在尽量缩小自己占用的空间，仿佛在说"不要注意我"，这种人往往自卑感较重，谦逊而缺乏自信，大多属服从型性格。不过，这也有可能是做错了事心中感到焦虑不安的表现。

把双脚伸向前，脚踝部交叉者：这种坐姿说明其喜欢发号施令，天生有嫉妒心理，而且可能是个很难相处的人。研究表明，这还是一种控制感情、控制紧张情绪和恐惧心理，很有防御意识的一种典型坐姿。

腿脚不停抖动，而且喜欢用脚或脚尖使整个腿部抖动者：这种人最明显的表现是自私，凡事从利己角度出发，对别

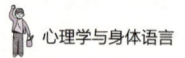

人很吝啬，对自己却很纵容。但他们很善于思考，能经常提出一些意想不到的问题。

在他人面前猛然坐下者：表面上是一种随随便便、不大礼貌、不拘小节的样子，实际上这说明此人内心正隐藏着不安，或有心事不愿告人，因此不自觉地用这个动作来掩饰自己的抑制心理。

正确的姿势应是在入座时轻而缓，走到座位前转身，然后轻稳地坐下，在这个过程中不应发出嘈杂的声音。若发出嘈杂的声音，就会给别人造成听觉冲击，给人留下不好的印象。

所谓坐有坐相，这是行为举止的基本素质，正确的坐姿可以透露自己良好的礼仪修养，给自己加分，进而赢得更多合作和被接受的机会，创造财富。在人际交往中，我们一定不能忽视坐姿里面的学问。

走路姿势凸显气质

古语说"以行观人"，是有一定道理的，人走路的姿态是行为表现的集中反映，如果我们细心观察，探寻规律，抓住特点，就可以从对方走路这第一印象中，初步了解到他的某些性格、气质。

步伐急促、矫健的人比较注重现实，精明强干，他们往往是事业有成的代表，凡事三思而后行，不莽撞和唐突，无论是事业还是生活，都能够脚踏实地，一步一个脚印地前进。他们敢于面对现实生活中的各种挑战，很快地适应新环境，凡事讲求效率，从不拖泥带水。

走路昂首挺胸是自尊、自信的表现，不过这类人有时过于自负，狂妄自大，还可能有清高、孤傲的缺点。他们凡事只相信自己，处处凭主观臆断，人际交往较为淡漠，经常是孤军奋战。但是他们思维敏捷，做事有条不紊，富有组织能力，能够成就财富事业和完成既定目标，自始至终都能保持完美形象。

步伐平缓的人走路时总是一副慢腾腾的样子，无论别人说得如何急他们都跟不在乎似的，是典型的现实主义派。他们凡事讲求稳重，"三思而后行"，绝不好高骛远。

人的走路方式还有很多，如走路时身体向前倾，踱方步，连蹦带跳，手足协调……每一种走路姿势都代表了不同的个性，用心观察走路姿势，我们可以发现平时很难发现的小秘密。

同样，父母也可以根据走路姿势观察孩子的内心世界，一般情况下，在右边行走，代表掌握主动权，这样的孩子会产生"我要去哪里，妈妈就会跟我去哪里""去哪儿他们都得听我的"之类的想法。反之，走在左边的，是被动型的孩子，没有自己的主见，愿意听从别人的安排，这样的孩子可能一直与世无争，经常委曲求全，很难形成属于自己的个性，父母要注意这一点。

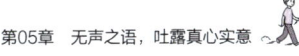

手势的正确使用方法

传说,有位国王喜欢用手势来说话,有一天,国王听说都城来了一位善于打手势的农夫,想和他比试一下谁的手语厉害,就让卫士带农民来到王宫。

一见面,国王就伸出一根手指,农夫紧接着伸出两根手指;国王随后伸出三根手指,农夫握紧拳头挥舞了一下;国王随后拿起一个水果,农夫从口袋里掏出一把面包屑。国王大喜,吩咐卫士拿金币厚赏农夫。

农夫离开后,有人问国王,为何给予农夫奖励。国王说:"我伸出一根手指,说'我是独一无二最尊贵的人'。他伸出了两根手指,是在提醒我'你还有陪你共患难的王后'。我伸出三个手指头,是说'我还有三个儿子'。农夫挥舞拳头,是说'只要一家人团结起来,就能战胜一切困难'。我拿起一个水果,表示'以后我的恩泽将泽被一草一木'。他送我面包,是在说'你会令国家的人从此远离饥饿'。哎,他真是一位智者啊。"

农夫回到家后,妻子问农夫都说了什么,国王给予如此丰厚的奖励。农夫说:"他伸出一根手指,是在嘲笑我只有一条腿。我伸出两根手指，表示我有两只手，照样能干活。他伸出三根手指，是说'你四肢不全，缺少一条腿'。我挥舞拳头，是告诉他'不许嘲笑我，不然我揍你'。他拿起一个水果，是在表示向我道歉。我不好随便收人家的礼物，就拿出一把面包屑作为回礼。唉，他真是一个白痴啊，道歉哪用得着给这么多金币。"

同样的手势，国王和农夫却产生了完全不同的理解，同一国家的人尚且有这样大的差异，那不同国家之间的差异之大就不言而喻了。在不同的国家和民族之间，手势语言存在着巨大的文化差异，切不可随便使用。

在欧洲绝大多数国家中,"V"形手势语表示"胜利",不过,做这一手势时务必记住把手心朝外、手背朝内,在英国尤其要注意这点,因为在欧洲大多数国家,做手背朝外、手心朝内的"V"形手势是表示让人"走开",在英国则指伤风败俗的事。

在我国"竖起大拇指"往往表示"真棒"的含义;在美国,这个手势意味着"进展顺利";而在孟加拉国,它则表示对人的侮辱。"向下伸大拇指"在中国表示"向下""下面";在英国表示"不能接受""不同意""结束";在印度尼西亚则有"失败"的意思。"伸出弯曲的食指"在缅甸表示"5";在斯里兰卡表示"一半";在日本则表示"小偷"或"偷窃行为"。

可见,相同的手势在不同的国家具有不同的意思,我们在与外国朋友交往时,一定切记不可轻易使用手势,以免在不经意间让人误解了我们的好意。

此外,在同一国家、同一民族当中,某些手势还有特定的含义,我们要善于抓住手部的小动作,破解对方的心理密码。

双手大拇指不停地有规律地互相旋绕,表示"无事可做""无聊"之意。

用手指轻轻触摸脖子,说明对方对你说的话持怀疑或不同意态度。

用手托腮，手指顶住太阳穴，说明对方在仔细斟酌你说的话。

双手相搓，表示对方陷入为难、急躁的状态。

双手插在口袋里，表示内心紧张，对将要发生的事情没有把握。

手势的表达千差万别，但万变不离其宗，讲话过程中的手势是内在情感的自然表露，正确使用手部动作可以使我们的语言更有说服力，如若不然，不仅不能实现表情达意的效果，而且还会画蛇添足。

通过站姿看出性格

在我们成长过程中，长辈们总是耳提面命地提醒我们要"坐有坐相，站有站相"。尽管如此，人们的站相还是千姿百态。而通过人们无意间的站姿，我们也可以一窥其中的心理奥秘。

一个正确的站立姿势应该是抬头正首，双目平视前方，嘴唇微闭，面带微笑，自然平和；双肩放松，稍往下压，使人体有向上的感觉；躯干挺直，身体重心应在两腿的中央，做到挺胸、收腹、立腰；双臂自然下垂于身体两侧，或放在身体前后；双腿直立，保持身体的端正。可一般人都有自己的习惯站立姿势。下面我们具体分析一下各种站姿所代表的性格特征：

背脊挺直、胸部挺起、双目平视的站立者：属开放型，给人以"气宇轩昂""心情乐观愉快"的印象，这种人往往是有充分的自信，要不就是十分注意个人形象，或此时心情十分乐观愉快。

弯腰曲背、略现佝偻状站立者：属封闭型，表现出自我防卫、闭锁、消沉的倾向，他们自我防卫意识非常强，经常有惶恐不安或自我抑制的情绪，他们对生活提不起任何兴趣，精神上也很消沉。

两手叉腰而立者：这类人在自信心和精神上有着绝对的优势，表明他们对眼前所发生的事情有了充分的准备。这是一种开放型的动作，没有强大的气魄似乎并不容易做到。

别腿交叉而立者：表示一种保留态度或轻微拒绝的意思，也是感到拘束和缺乏自信心的表现。

将双手插入口袋而立者：具有不坦露心思、暗中策划、盘算的倾向；若同时配合有弯腰曲背的姿势，则是心情沮丧或苦恼的反映。

倚墙而站者：这类人多是因为失意而心情不好，他们一般对人都比较友好，说话比较坦白，容易接纳别人。

双脚并拢，双手交叉站立者：并拢的双脚表示谨小慎微、追求完美。这种人看起来缺乏进取心，但往往韧性很强，属于平静而顽强的人。

背手站立者：多半是自信心很强的人，喜欢把握局势，控制一切。一个人若采用这种姿势在别人面前，说明他怀有居高临下的心理。但是，如果一只手从后面抓住另一只手的手臂，则此人可能正在压抑自己的愤怒或其他负面情绪。

握手的学问知多少

在人类交往的历史进程中，握手已经成为最为普遍的一种表达友好的方式，初次见面的两个人通过手与手的接触来感知对方的态度和思想，当然这也为接下来进一步的接触提供了铺垫和过渡。

握手看似简单，里面却蕴含着很大的学问，通过一次握手可以判断一个人的性格、态度、个性等多种特点，是初步了解一个人的重要途径。掌握这种识人辨人的方法，对一个人未来的交际会有很大的帮助。

首先，当初次与对方握手时，我们要仔细观察对方伸手的方式，尤其要看对方拇指与食指的开张距离，这里面是有一些讲究的。

拇指与食指张开30°以下者：其人小心、谨慎、保守、自私，不喜欢改变自己和周围环境。一般身体比较弱。

拇指与食指张开45°者：其人灵活、适应能力强、慷慨、爱好自由自在、独立能力强、富有同情心。一般身体都比较健康。

拇指与食指张开成90°者：其人大方、开朗、仗义，独立心极强、不易受环境束缚，但往往大意、浪费，自我主义。一般身体功能比较好，但肝火盛。

其次，通过感知对方的手感，我们可以判断出对方的性格特点。

手的温度偏低，手掌的形状呈方形，质地偏硬，不把手伸直，并且是等着别人前去握他的手，自己不主动伸出；握手时一般不认真、不用力，握手的时间短暂，松手迅速。这种手感的人性格比较孤僻，不开朗。喜欢安静，思维能力强，爱钻研，但对人不热情，不体恤，性情孤僻抑郁，懒惰而不愿结交人。

手较热，质地柔中见刚，动作迅速，握手很紧，但握的时间短，松手迅速。这种手感的人爱斤斤计较，办事不仔细，易浮躁，做事不考虑后果。表面不拘小节，热情奔放，爱说爱动，实际上锱铢必较，工于心计，没有自我牺牲精神。

手比较温暖、柔软，动作迅速，握手时握得紧，握的时间较长。这种手感的人比较有爱心，性格温顺，自尊心强，对人诚恳，处事总多为别人着想。

手比较湿冷，手掌的质地比较硬，握手时动作生硬，不和谐。这种手感的人比较倔强，爱慕虚荣，爱听正面的意见，爱听别人恭维自己，常爱发脾气。

第 06 章

日常用餐，看出真实为人

吃饭方式透露生活习惯

一碟小菜，一壶酒，李白可以举杯邀明月；李逵却从来都是大碗喝酒大块吃肉的豪杰人物。两个截然不同的人，两种截然不同的吃饭方式，文人有文人的优雅，武夫有武夫的豪放。从个人的吃饭方式中，我们可以认识到一个人性格的某些方面。

古语道："食不言，寝不语。"就是说吃饭睡觉的时候不要说话，要养成良好的饮食和就寝习惯。这主要是从养生和礼仪方面来讲的，但每天都能遵从这条警训的人通常是具有极强的耐性和自制力的。而那些吃饭总是狼吞虎咽的人往往是个急性子，这样的人肠胃一般也不是很好，他们做事往往粗枝大叶，生活上也不拘小节。

不同生活背景的人，吃饭方式也不相同。有些孩子从小就被父母教育在吃饭时要注意吃饭方式，不能给人留下不好的印象。虽然在家里吃饭不需要太多讲究，但吃饭方式作为一种生活习惯，如果不在每次吃饭时都保持良好的习惯的话，那么在不经意中你的坏习惯就会流露出来，所以任何细节都不能放过。

吃饭有许多讲究，如果是在公共场合，那讲究的地方就更多了，想要做一个受欢迎的人，就一定要懂得餐桌礼仪。如果你的吃相不雅，很容易成为别人耻笑的把柄。在餐桌上用餐时一定要温文尔雅、安静从容，不能太过急躁；一定要小口吃饭，吃下去的食物绝对不能吐出来，口里有东西时也不能说话等。虽然看起来都是小细节，但是细节决定成败，在餐桌上，一副好的吃相也是对别人的尊重和对自己的尊重。

人的性格是内在的，但是内在的性格总是通过一些外在的形式表现出来，一个人不能孤独地生活，他总是要接触各种各样的人，参与各种各样的活动。而吃饭是每天必需的，不管是在国内还是在国外，吃饭都是一种与人交流的场合。在这种场合下，往往能窥探一个人的内心，你的真实性格可能就在你动口的时候已经暴露给对方。所以，吃饭方式的好坏，带给你的影响可能是你想象不到的。唯一的应对办法就是从每天的生活开始，养成良好的吃饭方式，提升自我的形象。

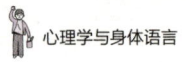

不同口味不同性格

香茗品出一个人的文人情操,咖啡喝出一个人的浪漫情怀,酸奶尝出一个人的童心童趣,可乐溢出一个人的动感气质。不同的人喜欢不同的口味,不同的口味影射出不同的人。

中国又地大物博,民族众多,东西南北文化差异较大,自古以来形成了相对完整的八大菜系,有川菜、鲁菜、湘菜、粤菜、苏菜、浙菜、闽菜、徽菜。这八大菜系的分类只是中国菜主要的分类,各分类下还可以细分,当然由于我国民族众多,各族人民也有他们的特色菜。

川菜讲究味道的多、广、厚,主要由七种口味组成:"麻、辣、咸、甜、酸、苦、香",最主要的就是麻辣,川菜现在流行于各个省市,许多人钟情于川菜的麻辣。鲁菜也分多种,以济南菜为典型,济南菜脆嫩、味厚、清香,做汤时清浊分明,独具特色。苏菜选料上非常严谨,口味清淡,擅长的烹饪方法有蒸、炖、焐、煨、焖、炒等。各地的菜有各地的风格,而不同地方的人如本土的菜一样,风格也不同,四川人泼辣,山东人厚道,江苏人温柔婉约,广州人精打细算等,一个人的脾气品性也是受大环境影响的。

想深入了解一个人可以从细微处开始，一个人喜欢的口味可以从侧面反映出这个人的性格：如果他喜欢吃辣，一般是性格爽朗的人；如果他喜欢甜的口味，这表明他是个心思细腻的人；如果他喜欢吃酸，这个人难免会刻薄点；如果他喜欢吃苦，那能说明他是个坚韧的人。当然，口味不能代表这个人的全部，但可以帮助我们看出这个人的性格侧面。

很少有两个人能有完全相同的口味，就像世界上很难找到两片完全相同的叶子。每个人的性格不尽相同，而他人的身上表现出来的每处细节都值得我们去发现，正是这些细节组成了一个人的完整性格。所以，于细微处见大气象，不一样的口味，不一样的人。

咖啡品出真实性情

提起咖啡，可能大多数人都会觉得颇具小资情调，体现出不一样的追求和品位。咖啡，是一种文化，也是一种艺术。

不同的人，对咖啡的要求也不一样。如果只是为了平常工作提神醒脑，速溶咖啡是大家最普遍的选择。但是那些对生活精益求精的人，会特别重视咖啡的口感，而这种口感来自咖啡的品质和咖啡与牛奶或者巧克力等的融合，还有煮咖啡时对时间、火候的把握，这时，他们喝咖啡更是一种享受，享受咖啡融入口中那一刻的幸福。

真正品味咖啡的人会很注意咖啡的品种、产地等，他们常常自己买来原装的咖啡豆，自己磨咖啡、煮咖啡，一切都是亲力亲为，做出来的咖啡会用来招待客人或者自己品尝。

蓝山咖啡，是大众都比较喜欢的一个种类，它的口感香醇，苦中带着些许的甜味，又能品出点酸味，它以自身来考验你的味蕾，仔细品尝，可以感受到它独特的滋味。喜欢蓝山咖啡的人，也是喜欢探究的人，就像探究这种咖啡混合的味道一样，探究整个人生的奥秘，这种人拥有强烈的好奇心和敏锐的感官。

拿铁咖啡，是很多女士的最爱，因为它混合了牛奶的香甜，浓浓的的咖啡中透着鲜奶的香气，这让人不禁心醉。它入口柔滑的特点，正迎合了女性的温柔甜美的气质。

喜欢意式卡布奇诺的人一定是走在时尚前沿的人，这种咖啡混合了牛奶和巧克力的独特风味，入口既柔滑又鲜香，样式还漂亮，是时尚达人的最爱，也是年轻人的最爱。

如果你是一个传统的企业家，不妨试试曼特宁，它的口味更苦些，但奋斗拼搏的人士能体会出这种苦味中的甜美。

咖啡的选择在无形中透露了你的内心，你所需要的或者想表现的都能融入你最爱的那款咖啡里。一个人喝咖啡时，可以坐在窗台旁边，端一只精美的咖啡杯，边看风景边享受静谧的气氛。两个人喝咖啡时，更多的是在享受一种浪漫的气氛，也许谁都不需要说话，只是慢慢地品尝，慢慢地等待心灵的交汇。

小零食中的大奥秘

糖果、薯片、果冻、可乐……哪个是你的最爱呢？你也许会说自己从来不喜欢这些东西，那你肯定是自己在骗自己了，有人可能很少吃零食，但也不能完全阻挡零食的魅力。

零食的范围其实很广，从膨化食品到水果，从坚果到饮料，只要是正餐以外的食品，都可以叫作零食。对于女孩子来说，甜品是她们最喜爱的了，可对于男孩子，他们可能更钟情于汽水。温柔甜美的女孩通常都难以抗拒冰激凌的魅力，牛奶的香气以及入口即化的冰爽是她们夏天的最爱。喜爱运动的男孩都喜欢随身带瓶可乐，除了能补充能量之外，还满足了他们对零食的需求。

要说从吃零食中看一个人的个性，还要从几方面来分析。

首先，看一个人的大方程度。所谓"独乐乐，不如众乐乐"，如果一个人总是心甘情愿地把自己的东西拿来与人分享，那这个人就是值得交往的人。其实这也并不是说舍得分享的有钱的人就是值得交往的人，拿不出东西来分享的没钱的人就不值得我们去交往，这最关键的还是要看这个人的真诚程度。真诚的人不怕吃亏，有时候只有吃亏才能让人交到更多的朋友。

其次，看一个人对金钱的利用程度。有些人把零食当作生命的一部分，每天都离不开零食的陪伴，而在零食购买上也投入了不少的资金。每个人都有自己的追求，有爱收集邮票的，有爱收集橡皮的，有爱收集烟盒的，也有爱把钱花在零食上的，而这类人往往是热爱俗世生活，讲究生活品质的人。

最后，看一个人的开朗程度。爱吃零食的人通常都是爱说

爱笑的人，这种人性格往往比较开朗，但吃零食也要有度。零食吃太多会导致肥胖，而身体越胖，我们的日常心情可能就会越不好，这又走向了另一个极端。

虽然零食只是人们生活中不起眼的一小部分，但我们的生活的确是由这些点点滴滴组成的，生活的每一部分都不能小觑，就像在小小的方寸之地你也会受到束缚一样，零食这小小的饮食习惯，也时刻反映着你的性格。

烹饪方式透露习性

饮食是我们日常生活的一部分，烹饪讲究煎、炸、炒、焖、炖、熘、烤等，选择不同的烹饪方式可以透露出人不同的性格。一个有耐心的人才会做煎或者炖的菜肴，因为煎需要人既有耐心，又能把握好火候，能够考验一个人能否按部就班地做事情，而炖也是需要花大功夫的，而且花的功夫要更多一些。一个人有这样的耐性，他才能做好这样的菜，如果没有耐性，即便他一时兴起做道煎或炖的菜，那么做出来也会不合胃口。有耐性的人做事会思前想后，考虑周到，这样事情成功的概率就要高一些。有耐性的人，不管做什么都能够有条不紊，就算事情不成功，也不会给自己和别人带来麻烦。

炒菜通常都要快一些，一个习惯做炒菜的人，他的性子往往相对急一些，喜欢越快越好，而不是享受那种烹饪的乐趣，对于做饭，只是为了满足自己的生存需求，而不是像喜欢炖东西的人那样，觉得做饭是一种精神上的享受。这种人做事比较干脆利落，不拖泥带水，不管事情是否成功，他们都能快速地解决这件事，如果不成功，他们会立即寻求新的出路。

当然也有些人喜欢变着花样来烹饪，这类人总是乐观向上，他们的性格是阳光的，他们对生活的热情体现在生活的点滴中，这些人乐于和别人相处，也很容易和别人成为朋友，而且这也离不开他们厨艺的功劳，朋友们总爱来他们这里蹭饭。

有些人天生就喜欢创新和探索，连烹饪也是，他们有自己的一套独特方法去烹饪饭食，做出来的饭食是否好吃倒是另说，只说这类人喜欢动手、喜欢探索，他们的脾气可能有时温和，有时暴躁，但他们绝不是坏脾气的人，只是很多时候别人不能理解罢了。

有些人觉得烹饪要以营养为中心，这类人是典型的实用主义者，他们做事深思熟虑，也是喜欢按计划行事的人。通过烹饪我们可以分辨出很多不同的人，不同性格的人会选择不同的烹饪方式。

点菜看出为人品性

我们看一个人其实都是从这个人的各种表现去看,而想要真正认识一个人就要观察他的一举一动。正如点菜这件小事,我们也可以从中看出一个人的性格。

性格内向的人通常都不爱说话,或者很少主动说话,在点菜的时候他们也常常闭口不语,他们的性格里也许带着些自卑,总觉得自己有不如人的地方,在点菜的时候就怕点错,或者点得不好而让大家不满意,于是不如不点,况且点菜的主动权在不在自己手里对他们来说一点影响都没有。内向的人喜欢静静地等待别人来点菜,至于合不合他们的口味他们也就不那

么在乎了。

性格爽朗的人常常能够成为交际达人，在点菜的时候，他们会毫不犹豫地选择自己爱吃的菜或者是推荐一些比较适合这次聚会的菜品，他们喜欢实话实说，也喜欢和人交朋友。在饭桌上他们是可以调节气氛的人，这样的场合正好适合他们的发挥，在人多的时候他们完全没有畏惧，因为他们的性格让他们不觉得有什么尴尬的地方。他们喜欢按自己的想法来做事，如果得罪了别人他们也会大大方方地去道歉。

在点菜上挑挑拣拣的人在生活中也是比较挑剔的人，这种人也可能是比较刻薄的人，他们在与人交往中总会露出些对这种那种问题的不屑，他们的朋友必须是长期交往的朋友，因为短期和他们相交的人总是难以和他们成为朋友。他们未必都是不好交往的人，只是你需要对他们有长时间的认识，他们本质上也是不错的。每个人都有缺点，不能因为一个人有缺点就把这个人全盘否决了。

还有类喜欢深思熟虑的人，他们会在点菜时考虑很多才作决定，当然考虑的时间有长有短。这种人属于在人际交往中比较谨慎的人，他们不管是在工作还是生活中都很谨慎，对什么事情都考虑得比较多，当然不能说考虑得多了不好，在很多时候想得多是有好处的，比如，在策划一件事的时候。

我们在点菜时可以看出一个人的性格，这就需要我们仔细观察和分析，想要认识一个人就要注意各方面的细节。

筷子用法体现个性

在人们的用餐中其实有许多讲究，每个人的性格不一样，习惯也不一样，从用筷子上我们也可以看出一个人的性格，虽然这只是用餐中一个不引人注意的方面，但是，这同样值得研究。

我们从小就要学筷子的拿法，但是并不是每个人拿筷子的姿势都是一样的，有些人就是按部就班地按照正确的姿势使用筷子，这些人的个性上一般都是比较规矩的人，他们做事情通常都会按规矩来，做事情也相对严谨一些，至少性格上是这样的。他们不喜欢那种性格随便的人，因为他们不能理解这些人的想法，虽然不能说他们是因循守旧的人，但是他们骨子里确实有些古板的思想。这种古板的思想让他们在做事时踏踏实实，也有可能因太过死板，而没有什么大的突破。

有些人拿筷子没有什么章法，他们只是按着自己喜欢的方式来拿，他们小时候通常也被家长教过怎样拿筷子，但是他们还是我行我素，长大之后看到别人拿筷子的端正姿势，他们依然不屑一顾，还是觉得自己的拿法比较适合自己。这种人性格上通常大大咧咧，喜欢按照自己的想法来做事，不喜欢受到束缚。他们也是比较容易相处的人，不太去在意别人的细小错误，即便别人不小心得罪他们，他们也不会太在意。

有些人对于筷子的要求比较多，可能专门喜欢用某一种筷子，这种人对生活品质的要求比较高，或者是对自己的要求比较高，他们是完美主义者，总是希望自己的生活按照自己想的去过，他们对饮食比较挑剔，对朋友也比较挑剔，不是什么人都能够成为他们的朋友，他们对别人的要求也比较高。这种人性格上偏内向，虽然他们一开始不好接触，但是接触时间久了，你也能够感受到他们对生活的热情。

有人喜欢在用餐时把筷子当成玩具，这种人通常在公共场合不知所措，性格上比较拘谨，不能够很好地处理人际关系，人际交往是他们的弱项。

我们能够从筷子上看出一个人的个性，如是外向还是内向等，如果你想更深入地认识一个人，那么就从这个人表现出的细节中来观察。

第 07 章

透过兴趣，解析性格秘密

嗜好透露性格属性

每个人都会有些嗜好，比如，有的人喜欢吃，有的人喜欢玩，有的人喜欢运动，有的人喜欢旅游。每个人的性格不同，爱好不同，所选择的活动也不同，作为一个循环来讲的话，有什么样的嗜好就有什么样的人，这都是相互影响的。

先说说喜欢吃的人，其实每个人都喜爱美食，但有些人对美食的喜爱到无以复加的地步。如果哪里新开了一家饭馆或者哪里新上了一道特色菜，他们一定嗅着气味就去了。只是，偏爱美食的人未必就是做饭很好吃的人，但和喜欢美食的人在一起一定会大饱口福。

再来看喜欢玩的人，玩的方法有很多，但会玩的人不多。现在有很多人喜欢挑战极限运动，如很多人开始接受蹦极这种极限运动，这不仅可以发泄心中的不快，还能享受纵身一跃的快感。还有很多人喜欢坐过山车，喜欢在车身向下时的那一刻尖叫，所有人都在尖叫，这种气氛让人兴奋。喜欢玩的人通常都是热爱生活的人，当然也是生活中常常伴有压力的人，在玩的过程中，他们可以很好地释放自我。

有些人喜欢独处，有些人喜欢热闹，这也是性格上的不同。喜欢独处的人性格内向，他们不爱说话，不爱与人交流，他们只是默默地完成自己该做的事，然后默默地回到自己的岗位上去继续新的工作。喜欢热闹的人性格开朗，他们最喜欢和人一起聊天，他们热情、主动，是很受欢迎的人，能很快地交到新朋友，即使他们已经拥有很多朋友了。因为他们性格的缘故，他们的朋友会对他们不离不弃。

有些人喜欢安安静静地看书，而有些人喜欢流连在网络这个虚拟的世界中。喜欢上网聊天和喜欢上网玩游戏的人性格又不同，玩不同游戏的人性格也不同。看书也是如此，看武侠的是一种人，看言情的又是一种人；看长篇的是一种人，看短篇的又是一种人。人们的性格想要细分太难了，但正是如此，才有了这个奇妙的世界和这个复杂又有趣的社会。

从个人嗜好上，我们很容易看清楚一个人的性格，所以，在认识新朋友时，不妨多问问对方的喜好，这不仅是找话题的一种手段，还是加强相互了解的捷径。

服装选择体现性格

性格、经济水平不同的人在服装品牌的选择上也有着相当大的差别，这从人们日常穿衣的风格上就能体现出来。

世界上的顶级品牌并不是很多，不同的品牌都有它们独有的风格，而每个品牌也都有自己的故事。爱上一个品牌，也许是爱上它的款式，也许是爱上它的故事。

喜欢路易威登的人显然是奢华品的推崇者，它的包历来都是女人的爱用品之一，价格昂贵的它往往令人望而却步，但是其有值得被喜爱的原因。香奈儿是一个具有百余年历史的品牌，它的设计风格从一开始就是为了打破法国繁琐的服饰传统，因此它的时装一直是突破传统并向着高雅、简单和精致发展的。每个女人总能在香奈儿的服装世界里找到属于自己的那一款衣服，喜欢这一品牌的人也通常是渴望自由、摆脱束缚的白领女性。迪奥是个更偏重于男士服装的品牌，就连它的女士服装也都流露着坚毅的线条，这是职场女性的首选。古驰的风格更被商界人士垂青，尤其是它的男装，是社会身份与财富的象征，它的设计不仅时尚而且高雅，不管是在工作还是日常生活中，都是很好的选择。阿玛尼的风格显得更中性化，在这个时代，中性化的风格大行其道，它越来越受到人们的追捧，更是各地成功商业人士以及各国明星的最爱。

当然，不管怎么说，大多时候我们选择衣服除了要看牌子，还要看外观，最重要的还是看自己的"口袋"，即便我们非常喜欢某件名牌的衣服，如果我们不经常穿，我们也不必浪费这个开销。当然，拥有这种心态的人，往往不愿意多花钱在无用的事情上，至于衣服，买得好看大方、款式新颖、面料舒适也就基本达到要求了，在品牌选择上，他们会避开国际大牌而购买国内相对平价但品质不错的品牌。

那些每天想着买名牌衣服的人也许不是真正的有钱人，很

多"月光族"把每月的薪金花在了置办这些高档品上,从这就可以看出人和人之间的不同追求,我们无权去评价什么,只是这正应了从服装看穿人性的主题。

舞蹈中跳出的灵性

每位舞者跳舞,跳的不仅是动作,还包括这段舞曲的感情,一段舞如果跳不出感情,那么这个舞台就会变得干瘪无力,观众也会提不起兴趣来。舞台下的观众,也正是通过对舞蹈类型的不同选择,展现自己的个性。

喜欢歌舞剧的人是心理年龄相对较大的人,他们喜欢歌舞结合的表演形式,这可以更全面地满足他们对艺术的需要。而歌舞剧很难成为年轻人的最爱,这是因为歌舞剧的表演形式烦琐,可能只有骨子里传统的人才能接受或者好好地欣赏下去。

喜欢芭蕾的人是身份高贵、内心优雅的人,其实这里说的身份高贵并不仅指所拥有的财富或地位,只要你爱芭蕾,芭蕾就可以把你从灰姑娘变成公主,在这个舞台上,每个演员都是那么光鲜亮丽,让我们的生活充满希望,也充满诗的旋律。

喜欢现代舞的人常葆青春活力,现代舞的节奏强烈、快速而激昂,是年轻人的最爱,当然这里也不排除有热爱青春舞曲的中老年人,只要有一颗年轻的心,人就会活得开心快乐和满足。

喜欢恰恰或者拉丁的朋友是充满生活热情的人,这些舞曲的曲风常常热情激扬,充满对生活的热爱,喜爱它们的人也是极具活力的人,在生活工作中,一定是精力充沛一族。

在舞台上，有舞台上表演出来的性格，有演员本身的性格；在舞台下，有不同的观众的不同个性。看演出的人有他们的相似点，都是为着同一个目的而来，表演的人也是为着同一个目的而奋斗，就这样，演员与观众之间的互动就形成了。而只要你仔细观察，你就能寻觅出每个人透露的个性信息。

音乐中听出心灵密语

音乐有着不同的分类，而不同的分类可以代表不同的风格，喜欢什么样的音乐是因人而异的。喜欢古典音乐的人常常是独具高雅品位的人，古典音乐的艺术，显示出一个人内心最深处的渴望，它的内涵博大精深，它的旋律优美复杂，它流露的情感让人感伤，这一切的一切都造就了古典音乐的蓝色风格。

喜欢乡村音乐的人在生活上更为随意一些。

喜欢摇滚乐的显然是走在时代前列的人，这些人生活乐观，对一切事物都抱着积极向上的心态。摇滚人士并非是远离社会的人，他们也是社会的一部分，他们只是用更强烈的音乐来表达自己的感情罢了。

从音乐中看一个人的人性,这是件相对复杂的事,不过你可以了解一下对方喜欢哪种音乐,一般他喜欢的音乐旋律和他的性格密切相关。喜欢快旋律的人是个急性子,他们常常办事风风火火,就像踩着音乐的节奏一样,这样的人通常都为人热情,是值得交往的对象。喜欢慢旋律音乐的人,通常是慢性子,这种人生活节奏较慢,但是喜欢帮助别人,也是能设身处地为人着想的人。

用音乐透视人的心灵,音乐的纯净也会让你享受到纯净的一片天空。

第 08 章

灵活应变，赢得领导信赖

领导的话中话要会听

在一个公司或一个企业中打拼,自身能力不仅可以决定工作成绩,也会影响职位的升迁和人际关系。然而除了自身的业绩和能力之外,领导的赏识也是很重要的一点。有些人工作能力平平,却能够从领导的言语和行为中透析领导的思想,这样深得领导精神的人怎么能不被领导看重呢?相反,那些只知道埋头苦干的人,又有几个真的能够一升再升呢?

林芬是一家合资企业的人力资源主管,在较短的时间内凭借自己的实力赢得了老板的赏识,这得益于老板和她的一次谈话。"那一次老板和我谈话,他先是夸奖了我的业绩不错,认为我可以担当更重要的职位,然后又说最近行业不景气,利润比去年下滑得厉害,最后就问我:'如果你做部门主管会不会考虑裁员?'当时我愣了一下,随即摇摇头,因为很多同事都是一起出生入死过的。记得当时老板脸色有点变了,后来,我的同事升了部门主管。事后我才想清楚,老板的意思就是想裁员,如果我不是凭个人感情用事,而是站在企业发展的角度去考虑，那么升职的可能会是我。"

有了这个教训之后，林芬遇事多了一些思量，在不违背自己做人原则的基础上，也开始学着听老板的话中话。

和老板一起在瑞士的时候，他们拜访一些供应商，老板对其中一位供应商的产品明显很感兴趣，但价格有一点高。他用咨询的口气问林芬，林芬给他的回答是很不错，值得购买。其实林芬知道老板已经做好了买的决定，他问只是想确定一下，而且，以她的观察，那家公司的确是一个很好的合作伙伴。果然，老板愉快地和这家公司签约了。

此时的林芬，听着老板的话，联系他前面的话语，看着他的表情，她就能知道他话外之音是什么了。回国之后，她坐上了主管的位置。

想要听懂领导的话中话，就要注意领导平时的说话习惯和风格，更要明白领导此时说某些话的语气和用意，下面这几句话中潜藏的真实意思，如果是对你说的，你能听出来吗？

"你的报告做得很完美，只是语法上出了几个小错误。"可能潜藏的真实意思：你太粗心了，竟然犯这种低级错误！

"你是个很好的人，与你合作的人都很称赞你的人品，出现的一些小问题也不能抹杀这个突出的优点。"可能潜藏的真实意思：你比较没有原则，别人说你人好不代表你业绩就好。

"你的创意总是那么天马行空,不落俗套,我想自由职业一定更适合你。"可能潜藏的真实意思:我已经不能再忍受你的奇怪想法,建议你另谋出路。

当然,学会听懂领导的话中话,并不是要无原则听从,有些做人的底线、职场的规范还是要固守的。只是如果你养成了这种揣摩领导言语的习惯,就更容易得到领导的赏识,受重视的机会也会大大增加,升职加薪的机会也就更多了。

察上司微动作识其对下属的态度

身在职场,如果能够处理好与上司的关系,得到上司的重用,无疑对我们的前途大有帮助。因此,若想成为一个成功的职场人士,就要学会认清上司的态度。如果能够从上司的微动作中了解上司的心理,准确识别上司的意图,就有利于工作的开展。

若与上司说话时,他把目光放在遥远的地方,且微微点头。这是个非常糟糕的信号,表明当前他对下属所说的话及所做的事情根本没有任何兴趣，他只想要下属按照他的意思来办事。

在下属与上司交流时，若他只是低头做自己的事情，根本不抬头看下属一眼。这也是一种不好的信号，表明当前他无视下属的存在，有可能从心理对下属感到反感，或者是否定下属的能力。

在下属与上司交谈时，他的目光久久地盯着下属，这表明当前他正在期待下属的进一步表述。

上司用一种坦率和友好的目光看着下属，表明当前他很喜欢下属的为人和处事，认可下属的能力，即使下属不小心犯了什么错，也能得到他的谅解。

上司目光锐利，表情如一，盯着下属看，似乎想把对方看穿。这种目光代表了他的权力和优越感，以图用目光让对方主动交代当前想法。

上司从上往下看下属，这是居高临下的优越感的表现，表明这种上司通常傲慢自负，他们很喜欢支配自己的下属。

上司偶尔把目光向上看一眼，然后在短暂的目光交流后，继续把目光向下看。表明当前他还不能拿准对方的心思。

上司在交谈中，双手合掌，且从上往下压身体保持平衡。这种动作表示他想平静心情，舒缓当前的气氛。

上司站立起来，双手叉腰，且肘弯由内向外撑，这种人体语言往往表明当前上司遇到有关权力的问题，这种姿势往往是一些好发号施令者常用的。

上司坐在椅子上，然后双手放在后脑后，身体向后靠，且同时双肘向外撑开。这种肢体语言一方面表明当前上司正处于放松身心的状态，同时也可能表明他的自负心理，这需要根据情况具体分析。

谈话中，上司把食指指向对方，表明当前他内心的优越感，同时也可以反映他的好斗心较强。

上司一边说着，一边拍下属的肩膀，这里主要根据所拍的位置分析。若是从侧面拍打表明从心里认可和赏识此人；如果是从正面拍打，则表明向他人示权或小看对方。

上司谈话中，把手握成拳头，这表明他力图通过自己的肢体语言来吓唬他人，以此来维护自己的观点。如果他用拳头敲击桌子，表明当前情绪很激动，以此来阻止他人发言。

如果上司一面和下属招呼，同时眼睛看向别的地方，周围还有人在小声说话，表明下属的来访打断了上司正在讨论的事情，虽然他接待着下属，但是心里还惦记着刚才的事情。

与上司交谈中，忽然门铃或电话铃声响起，上司起身回应的话，下属要主动中断当前的谈话，让上司有时间来接待当前的来人或电话，不能继续讲下去。

生活中，我们与上司交流的时候，还会遇到其他一些细节动作。在与上司的交往中，既要保持自己的原则，同时要学会察言观色，见机行事。准确地把握上司的意图，主动地做出改变，在一定程度上可以塑造自己在上司心目中的良好印象，有利于保持双方间的良好关系。

从小细节看出领导对自己的态度

社会竞争激烈，为了能够在职场更好地发展，许多人费尽心思与自己的上司搞好关系。要想知道领导对你的态度，其实并不难，只要认真观察就能够找到答案。

判断领导是否欣赏你，可以借鉴以下几个方面：

1. 从语言上判断领导的态度

首先，可以从语气上了解领导态度。如果平日里你的领导对其他人说话总是一副公事公办的样子，而和你沟通时他总能放松身心，用一种聊天方式与你交流，那么表明在领导心里更多地是把你当成朋友。

其次，可以从谈话内容上分析领导的态度。工作中，如果领导与你沟通的时候，经常与你谈一些前途、发展之类的话语，激励你继续努力，则表明他很看好你的将来。他认为，你目前的状况只是一时，如果你能够努力，一定会有更好的发展。

2. 从动作上判断领导的态度

与领导一起时，如果他看你的眼神友好而坦率，则表明他对你的能力十分认可，你的说话做事很符合他的思想，他的内心很欣赏你的能力与处事风格。

当领导对你怀着期望的时候，他会用自己的手轻轻地拍拍对方外侧的肩膀，以示鼓励。这时候，他仿佛在说："努力吧，我相信以你的能力一定会做得更好"或者"我看好你"。

3. 从其他细节上看出领导的态度

从领导任务的安排上也可以看出其态度。如果你的领导在安排一件事情的时候总会先考虑你的看法，征求你的意见，则表明他对你比较看重，认为你一定会给他一个满意的答复。

如果在遇到一些特殊情况时，领导总会把你考虑进去，比如，领导委婉地约你一起外出运动，遇到一些可以外出学习的机会，他也会把你考虑进去等。这些都可以看出领导对你的特殊感情。

其实，想要判断领导对你的态度很简单，只要观察领导的言行举止就可以一目了然。总的来说，如果一位领导对你表现

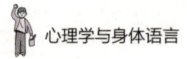

出赞赏的话，更多的时候他会对你表现出超出常理的关注。只要在工作中留心观察，就一定会有所发现。

工作习惯看出领导的行事作风

如果你想要与领导合作顺利，还需要了解领导的处事风格。

只要认真观察就会发现，每一位领导都有不同的工作习惯。因此，想要准确了解领导的行事作风的话，可以从他平日里的工作习惯入手。

大体上，领导的工作习惯可以分为以下几种类型：

1. 做什么事情都喜欢一次完成，不喜欢拖拖拉拉

这种类型的领导通常定义为结果型领导。他们往往属于急性子，且做事说话讲究一针见血。这种性格的人做事注重事情的重点和结果，喜欢把事情做得条理分明。他们的典型特点就是"忙"。

与这种类型的领导相处时，你要明白，无论做什么事情都要脚踏实地，对于他分派给你的任务，最好能够准确细致地完成，且要突出事情的重点和结果。如果在工作中遇到什么问

题，要做到及时与他沟通，争取尽早解决问题。

2. 做事追求完美，为了得到最理想的结果喜欢三思而后行

这种类型的领导属于细节型领导，他们最大的特点就是做事追求完美。日常的工作中，他们无论大小事情都会做到系统化、程序化，一切都有条不紊。与结果型领导相比，他们更关注事情的细节问题。有时，他们为了使事情做得更完美，会花费很多时间在思考上，因而"善思"是这种类型领导的处事风格。

与这种类型领导的相处之道是：首先，做事中规中矩，力求让事情办得更完美；其次，要把目光放在细节上，如果可能，可以多与他进行精细、全面的书面沟通；最后，做事前要想好再行动，争取一次完成，否则只会让他觉得你是一个有勇无谋的人。

3. 做事大大咧咧，不讲究章法，只要事情办成即可

这种类型的领导往往性格豪爽，他们不会过于计较下属的做事风格。有时他们会欣赏办事细致的下属，但是对于那些不拘小节的人，他们也不会反感。他们往往性格外向，对于那些过于程序化的表面文章，并不会过多讲究，更看重的是下属的工作能力。

与这种类型的领导打交道时，你只要大大方方地工作，尽

自己所能把事情办成功就可以了。没必要为了故意讨好领导而非要把自己变成什么样的人。因为在这种类型的领导眼中，能力胜过其他的东西。

4. 做事优柔寡断，听到他人的建议，一再改变工作思路

这种类型的领导，往往具有多谋少断的特点，做事缺乏果断。他们的判断容易受外界的影响。与这种领导打交道时，你只要在不让他感到有失身份的前提下，和他商讨一些决策，要支持他、增强他的决心，然后设法让他能够坚持下去，这样的话，你的工作就会轻松许多。

无论哪种类型的领导都逃脱不开"做事"和"做人"的范畴。只要弄清楚了领导的做事风格，然后尽可能使自己的工作习惯符合领导的要求，把"做事"和"做人"都搞定了，你也就不用再担心与领导相处不好了。

从开会风格看出领导性格

有的担心，我们平时根本没有什么机会跟领导打交道，要怎么做才能洞察领导的心理呢？不用担心，即使公务再繁忙，你的领导也要参加会议。只要能够抓住会议上的细节，你一样可以掌握领导的心理。

1. 主持会议时，表现温文而雅

这种类型的人，往往性情平和，做人谦虚谨慎。他们在会议上表现出温和的性情，让大家能够畅所欲言，对于问题也会发表自己的看法。对待工作，这类领导总能拿捏得很好；对待下属，这类领导总能做到平易近人。面对这样的领导，员工根本不用紧张。在这样一个温馨轻松的环境下，员工会更加努力地工作。

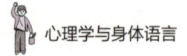

2. 主持会议时，采用独断专行方式

这种类型的领导，多数有较强的自信心，或者是身份、地位和能力都非一般人。他们的内心深处比较固执，较强的自信心使他们对周围的事物都能做到心中有数。无论遇到什么问题，他们都会泰然处之，面对来自外界的反对意见，往往不会采纳。他们通常只要求下属执行命令就可以了，不需要下属提过多意见。

3. 主持会议时，鼓励下属最大限度地参与决策

这种类型的领导，重视下属的能力和知识经验，希望团体成员了解工作的目标、内容和程序，并让成员有一定的工作自

主权。他们以自己的人格和心理品质影响团体成员，拉近与团体成员之间的心理距离，双方是民主与平等的关系，能够互相尊重。由于团体成员能够参与决策过程，成员表现出的主动性、创造性和满意度会较高。

4.主持会议时，把权力下放给团体成员，采取无为而治的态度

这种类型的领导对工作缺乏积极性和主动性，缺乏个人远见，组织性和纪律性较差。这样会使团体活动只达到社交目标，而达不到工作目标；工作效率较低，人际关系混乱。

从对待下属失误的态度看出领导性格

人非圣贤，孰能无过。但是如果工作时犯了错，就可能会受到领导的责备。不同性格的领导在对待下属所犯的错误时，也会表现出不同的态度。透过这些不同的态度，我们可以看到一个个性格各异的领导。领导面对下属所犯的错误通常会有以下几种台词和表现形式，我们可以从这些方面入手：

1."你怎么这样笨,让你办点小事情都办不好,你还能办成什么!"

这种领导在对待下属的错误时,倾向于否定对方以前的功劳,着重强调下属的过错。这种类型的领导往往自尊心很强,觉得自己能力很强,什么事情在他们看来都难度不大。有时他们表现得有些自私,只考虑到自己的感受,经常忽略对方的感受,认为下属理所应当把事情做得完美。

2."没关系,出现这个问题,我也有责任,只要以后改正就可以了。"

这种类型的领导通常性情温和,他们会把对方的感受放在第一位。工作中，他们会与员工建立一种良好的关系，使得员工从心理上对他们产生佩服之情。这种善于和下属一起承担错误的领导往往有较丰富的见识，无论走到哪里，他们都会以自己的人格魅力打动他人。

3. "这样啊，你应该深刻认识到自己的错误，争取在以后的工作中改正过来。"

这种领导与前者有相似的地方，那就是对于下属的问题他们能够正确地看待，喜欢就事论事，不会因为一次错误就把下属的所有成就抹杀。但是不同之处在于，他们与下属交往中，会与下属保持一定的距离，营造自己的优越感，更多地让对方主动对其表现出一种尊敬。他们中的多数有较丰富的文化知识，性格偏向于理智型。他们既不会一味地责怪下属的过错，也不会主动替下属承担错误，一旦势态严重，他们可能首先考虑保全自己。

在实际工作中，如果能够通过这些言语和行为准确地掌握领导的性格特征，有利于我们以后工作的顺利开展；同时，我们还可以采取相应的措施，有针对性地作出一些改变，以符合领导的要求。

第 09 章

全面观察,透视男人本质

开车习惯透露男人性格

每个人的开车姿势和方法都有所区别,观察一个男人的开车姿势和方法,就能够初步了解其是何种性格。

1. 规规矩矩,遵守交通规则

这一类型的男人开车特别平稳,他们做起事情来也是四平八稳,凡事都脚踏实地,让人放心。他们是真正的君子,严格遵守做人的规范,遵守社会道德。假如他们能够在跟别人沟通的时候掌握一些技巧,有所进步,成功的概率会很大。他们与恋人相处时，可能因为过于一丝不苟而有些唠叨，也可能会让他人觉得太死板，索然无趣，在这个浮躁的、讲究标新立异的社会中，这种男人可能不够突出，却绝对可以做个好丈夫。

2. 稍有意外，立即刹车

这种类型的男人，为人耿直，力求稳妥。他们总是顺着潮流前进，又善于与人相处，适应能力强，办事利落，在各种场合都受人尊重和注目。他们行事有板有眼，循序渐进，不管是在工作上还是个人恋爱上，他们都有周密的计划，可以让任何人信任他们。尽管他们做任何事情都尽职尽责，可在内心里，他们有时又会对自己缺乏自信。他们谨慎、对于这样的男人，女人不妨主动一点，他们是非常好的丈夫人选。

3. 休息时把脚放在方向盘上

这一类型的男人为人刚直不阿，也喜欢特立独行，凡事照着自己的意愿做，听不进他人的劝告。大体而言，他们是理想主义者，因为本身的能力很突出，所以不会去曲意奉承他人。在爱情中，他们常常较有主见，把一切都安排得妥帖而又有心意。他们的缺点是，可能会令别人觉得他们过于以自己为中心，处世不够圆滑。

4. 卖弄车技，故意超车

这一类型的男人纯粹是为了卖弄车技。这类男人多半在某一方面非常突出，但是个性不够老练，且爱慕虚荣，傲气十足。这种男人颇令女人心动，他们洒脱自信、浪荡不羁的个性，举手投足间对于女人都有一种致命的吸引力。但他们不是合格的丈夫人选，他们的生活中充满了不确定性，思想又不够成熟，为人也不太踏实。

行走姿势体现男人性情

想要了解一个男人，除了经过长时间的接触得知，还可以通过他的行为举止来洞察。不同性格的人，走路姿势也不尽相同，因而我们可以根据男人走路的姿势来了解男人的性情。

1. 步伐急促的男人

这类男人是典型的行动主义者，他们大多精力充沛，精明能干，敢于面对生活中的各种困难，适应能力很强，凡事都特别讲究效率，不喜欢拖拖拉拉。

2. 步伐平缓的男人

这类男人走路时总是一副不急不慢的样子，无论别人怎么着急，他们就是不放在心上，依然按照自己的速度行事。他们是典型的现实主义做派，凡事讲究沉着稳重，"三思而后行"，绝不好高骛远。

3. 走路时身体前倾的男人

这类男人大多数性格温软内向，不苟言笑，见到漂亮的女人时，多半会脸红；但他们为人谦逊，一般都具有良好的修养，从不花言巧语，非常珍惜自己的友情及爱情。他们受伤害时，不愿意向他人倾诉，常一个人生闷气。

4. 踱方步的男人

这一类型的男人沉着稳重，他们认为面对困难时最重要的

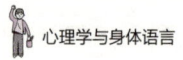

就是保持头脑的清醒，不希望被任何带感情色彩的东西左右了自己分析、判断的能力。他们有时候也会觉得很累，而当他们一个人独处时，也感到十分压抑，因为他们涉世和城府都较深。他们会对自己的身体形态进行严格控制。

5. 迈正步的男人

这类男人走路时如同上军操，步伐整齐，双手有规律地摆动。这种类型的男人意志力较强，信念十分坚定，他们选定的目标一般不会因外在的环境和事物的变化而变化。这种类型的男人通常最容易让女人动心，也最容易让女人伤心，因为他们一旦设立某个目标，就一定会不达目的不罢休。如果他们能够充分发挥自己的长处，一定收获颇丰，因为他们对于事业的执着是其他类型的男人所无法匹敌的。

接吻方式看出男人性格

接吻是男女之间表达爱情的最常见的方式之一，而一个男人的接吻方式，也透露出他的隐秘性格，让我们来了解一下吧。

1. 倾入式接吻的男人

这种接吻方式显得有些粗暴。采用这种接吻方式的男人，往往有大男子主义的倾向，唯我独尊，他们往往没有考虑到对方的感受。所以，对于这种男人，你可以直接告诉他你不舒服，希望他提高自己的接吻技巧，在意你的感受。

2. 啃咬式接吻的男人

这种男人在接吻时，往往是在你的上下唇上又啃又咬，有时候令你感觉非常疼痛。这种男人有过分激情、戏剧化的举动，但那并不代表他对你非常着迷，随着时间的流逝，他的热情将比谁都消逝得快。

3. 游离式接吻的男人

接吻时，他的眼睛和他的心都不知道正在何处漫游，或者他根本就不知道这是在接吻。这种男人一般比较浮躁，做什么事情都心不在焉。

4. 包围式接吻的男人

他的嘴把你的嘴完全包裹了起来，几乎不透露一点儿空隙。这种男人大多是大男子主义者。当他以这种方式与你接吻时，你可以这样告诉他："亲爱的，你这样吻我，我没办法回应你。"这样，他就会知道，女人也希望获得控制感，接吻并不是一个人的事情。

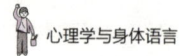

另外，根据接吻部位偏好的不同，男人的性格大致可以分为以下几种类型：

1. 亲吻嘴巴

这类男人对爱情通常都很专一，吻了就代表以身相许，他们自信并有强烈的道德观念。

2. 亲吻头发

这种男人在两性关系上通常有极强的占有欲，容易"吃醋"，妒忌心重。在爱情中也是遇到挫折和受伤害最多的人。

3. 亲吻额头

这种男人是积极创造人生的人，他们的人际关系非常

好，能给予人温柔体贴的感情，可谓好男人。

4. 亲吻眼睛

这种类型的男人有很强的自我牺牲精神，他们希望能够降服心中的情人，可以为了所爱的人牺牲一切。这类男人通常也喜欢亲吻性感地带。

5. 亲吻耳朵

这种类型的男人最善解人意，他们能很容易地体察别人的心事或内心痛苦，在感情上，他们敢爱敢恨，却很容易利用别人来达到自己的目的。

6. 亲吻脸颊

这种男人讲究以和为贵，重视友情，能始终忠于爱情，但容易受骗上当。

穿鞋偏好显示男人个性

从鞋子和穿鞋的习惯也可以判断一个男人的性格，其象征意义不仅涉及鞋本身，也往往涉及买鞋这一行为。

1. 偏爱黑色皮鞋的男人很传统

他们仍保有传统的家庭观念和大男人主义观念，重视家庭生活、伦理道德，就算父母不太明理，他们还是会尽量地包容接受。

他们是很注重面子的人，朋友也是他们最重视的一环，所以千万不可以在众人面前嘲笑他们。

你的积极相处策略：尊重他的成就、能力，并且尽可能骄傲地说"我以他为荣"，甚至有点崇拜他，满足一下他的自尊心，当然也要孝顺他的父母，以及和他的朋友打成一片，相信他会不知不觉地将自己的心交给你。

2. 偏爱休闲鞋的男人看重第一印象

这种类型的男人喜欢占据主控地位，主观意识很强，常常会有先入为主的想法，因此，你给他的第一印象很重要。

你的积极相处策略：你的独特个性或是想法，会让他对你好奇而想进一步了解你。保持你清楚的头脑，做个聪明又可爱的女人，更不要想左右他、让他听你的使唤。

3. 偏爱凉鞋的男子忠于自己的感觉

这种类型的男人非常忠于自己感觉，在他生命中，有他自认为有意义的事情，你千万别否定他或是嘲笑他。他自己会找到与现实的平衡点，所以不用为他担心。

你的积极相处策略：给他足够的空间和时间，另外，在他心情低落时，带给他乐观、开朗和阳光的正面感受，他会因心动而为你行动。也许他不会很强烈地表示他的热情，但是在他的心中，只要你已经占有一席之地，他就很难忘记你。

4. 偏爱短靴的男子有一颗脆弱的心

这种类型的男人有时候表面上一副叛逆或是不屑的态度，其实在他内心深处却是在乎得要命，而且得失心非常重。

你的积极相处策略：心疼他脆弱的心，多关心他，多体贴他，有时候你一次真心又暖心的关怀，会让他感动得久久不能忘怀，当然，他的心也就被你动摇了！

5. 偏爱运动鞋的男子自然、随性

这种类型的男人不喜欢做作、不自然的人、事、物，更无法容忍心机重的女孩。另外，喜欢大自然的他，也希望对方能和他一起自由地嬉闹，享受无拘无束的两人世界。

你的积极相处策略：你的纯洁心灵和自然态度，会深深地吸引他，亲切可爱的笑容和待人处事，会令他更为你着迷。你可以稍稍主动，和他一同分享生活中有趣的事情，很自然地和他相处，有时候像他的哥儿们，有时候又像一个惹人怜爱的小女孩。这时候，他的心就在不知不觉中被你悄悄地偷走了。

穿衣方式展示男人个性

俗话说："佛靠金装，人靠衣装。"在现代社会，男人也越来越注重穿衣打扮，在不同的场合，穿不同的衣服。你不妨细心留意一下男人日常的穿衣风格，借此来分析男人的性格特征。

1. 衣着朴素的男人

这种穿衣风格的男人，为人比较淳朴、踏实，他们顺应社会、顺应他人，但缺乏自己的个性。

2. 喜欢穿运动型服装的男人

这种男人一般都性情开朗，热情奔放，他们大多精力充沛，喜欢多变的生活，不喜欢一成不变的生活方式。

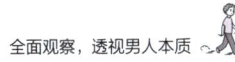

3. 喜欢着休闲服的男人

这一类型的男人一般都追求有品位的生活方式，他们崇尚自由，喜欢悠闲，洒脱，不受他人拘束。

4. 爱穿宽大衣服的男人

这一类型的男人一般都有着强烈的表现欲，希望处处都受人关注，有点爱慕虚荣。

5. 穿衣风格多变的男人

这一类型的男人通常情绪不太稳定，意志力比较薄弱，害怕困难，害怕承担责任，有逃避现实的倾向。

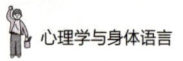

6. 喜欢穿蓝色条纹的男人

这一类型的男人追求安稳的生活，因为这种颜色表示安定，这深刻地反映了他们本能上追寻安稳的生活需求。

7. 穿着风格超越社会时代的男人

这一类型的男人内心有一种非常强烈的优越感，具有一种开拓的精神，希望自己在某一领域中是一个引领者、开拓者。

8. 一点不关心流行服饰的男人

这一类型的男人通常个性比较强烈，不喜欢随大流。

9. 着装风格突然改变的男人

男人突然改变着装风格，说明他的心理也有了大的变化，他的个性、追求等发生了改变。

对待金钱的态度显露男人性格

男人一般倾向于把金钱视为自己权力与能力的象征，所以，观察他们对于金钱的使用态度，就可以了解他们的性格特征。

1. 喜欢让女人付钱的男人

这种男人喜欢让女人为自己花钱，或是喜欢女人为他们的共同消费买单。他们是典型的缺乏安全感的人，希望别人以各种方式来给他们作保证，以此来证明自己在他人心中的地位。和这种男人交往时，女人很容易陷入一厢情愿之中。

2. 喜欢跟女人AA制的男人

这种男人跟女人在一起时，总是希望彼此为各自的消费埋单。这种男人对他人始终保持一种提防的态度，他们不愿意付出更多，甚至是害怕付出。这种男人做事始终保持着谨慎的态度，总是跟他人不远不近，若即若离。

3. 经常给女友送礼物的男人

这种男人经常处于一种矛盾的状态之中。他们既害怕失去对方，又不愿意付出太多的感情，于是，他们就会想尽一切办法用物质来弥补感情上的缺失。

4. 害怕送礼物的男人

这种男人最不愿意甚至是害怕给女友送礼物，他们通常很吝啬，为人比较自私，他们只想被人爱、被人宠，却不愿意施予，更不懂得感恩，而且即便他们做了什么对不起女友的事情，也从来不知道愧疚。跟这种男人恋爱是非常累的，也非常危险。

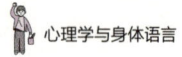

5. 穷大方的男人

与上面的男人刚好相反，这种男人本身没什么钱，但总是很大方。这种男人的虚荣心比较强，而且他们对于金钱、权力有种非常强烈的渴望。在他们眼里，金钱往往胜过任何人的感情，为了赚钱，他们宁愿牺牲掉和别人建立起来的感情。

6. 斤斤计较的男人

这类男人在金钱上非常计较，常常为了一点钱跟人争得脸红脖子粗，甚至大打出手。但是，他们对于自己喜爱的东西，往往愿意花大价钱购买。这种人对待感情可能同样势利，他们可能很爱对方，但是他们不允许对方做任何无条理和不可靠的行为。

7. 债台高筑的男人

这种男人不善于处理生活中的细节，不懂如何处理好感情及人际关系，他们对于理财没有概念，也不懂得如何理财。他们的意志力薄弱，自制力差，常常控制不住自己而冲动消费，或者与人起冲突。

8. 经常借钱给别人的男人

这种男人的金钱观很淡薄，但是对感情很重视，他们富有同情心，能够急人之难，大公无私。因此，这种男人是值得女人对其付出感情的。

9. 经常撒谎骗钱的男人

这种男人最不可靠,没有责任心,人品也不好,既然他们可以骗钱,那么他们同样可以欺骗他人的感情。

第 10 章

见微知著，生意场上见招拆招

辨识生意伙伴的真心假意

生意场上,为了能够得到最大的利益,某些人不惜用谎言来欺骗他人。能够在生意场上识别那些谎言,看清那些笑容背后的真实目的,是每一个从商之人所必须掌握的一项技能。

观察对方的瞳孔变化,可以认识到对方是否撒谎。相关研究发现,瞳孔的变化是人不能自主控制的,瞳孔的放大或者收缩,真实地反映了此人当前复杂多变的心理活动。

虽然我们说一个人在说谎的时候会因为心理作用出现脸红心跳的现象,但对于说谎高手来说,这些问题可能根本不存在。当然,还有一类人在社交场上,既使没有说谎,他们发言时也会表现出紧张不安。因而,还需要结合其他方面综合考量。

1. 从眼神判断对方是否在撒谎

当一个人说谎时,他会害怕自己的眼睛流露出信息,因而往往会避免和对方进行眼神交流。在双方交谈中,当对方说出自己的意见时,你可以用目光注视他的眼睛,如果他能够坦诚地回视你,则表明他的内心很平静;相反,如果对方的目光总是游离于其他地方,则表明他当前的内心深处正处于一种紧张的状态。

2. 通过眼球运动判断对方是否在说谎

当一个人只是对事实进行客观描述,眼球往往向右侧移动,相反,如果他正忙于编造谎言,那么眼球会不由自主地向左侧移动。也可能某些人的眼球反应刚好相反,因而想要通过眼球识别谎言的话,可以先提出几个你知道答案的问题,观察对方眼球运动,掌握其眼球运动的规律再判断他是否在说谎。

3. 通过笑容来判断对方是否在说谎

专家认为说谎者的微笑很少表达真实的感情,更多地是为了掩饰自己的内心世界。因而可以通过判断对方的笑容来了解他说话的真实度。在对笑容进行判断的时候,主要从以下几点着手:

从笑容时间的长短上判断。真诚的笑容，其时间的长短取决于感情强烈的程度。而虚假的笑容因为没有感情的依据，所以无法表现出自然的状态。多数情况下，这种假笑会保持很长时间，因为说谎者害怕短暂的笑容不能够表达他的目的，只能加长微笑的时间。

从笑容的开始和结束来判断。真诚的微笑就像是一个循序渐进的过程一样，有开始有结束，过渡自然。而假笑则不同，在某些时候看来，假笑无论是开始还是结束都会表现得过于突兀，有时候就像是紧急刹车一样，骤然改变。

从微笑时的面部肌肉运动也可以判断。科学家们发现，当一个人发出真诚的微笑时，他面部的肌肉也会随之运动。真诚的笑容是颧骨肌肉与眼轮匝肌共同作用下产生的。而虚假的笑容，多数情况下只能牵拉嘴角两边的肌肉，无法牵引嘴巴向上抬起。

虽然识别一个生意伙伴是否虚伪不是一件容易的事情，但是为了避免在生意场上受到损失，我们还是需要认真去辨别。只要认真细致地观察，相信你一定可以从中寻找到蛛丝马迹，从而避免上虚伪生意伙伴的当。

生意场上看出对手性格

所谓"知己知彼，方能百战不殆"，想要成功地做成生意，就要先了解生意人的脾气秉性，洞悉生意人的内心世界，只有这样才能在陷阱密布的生意场上识破骗局，取得最后的胜利。基本上生意人可以归纳为以下九种类型：

1. 性格外向型生意人

这种类型的人往往性格开朗，头脑灵活，逻辑思维能力很强，善于用自己的头脑思考问题。他们能够在与他人的交往中收集到大量的信息，作为自己判断的依据。

2. 性格内向型生意人

这种类型的生意人外表看来给人一种朴实拙笨的感觉，但是在内心深处执着于自己的追求。在生意合作中，他们往往给人老实、真诚、善良、不善言谈的印象，但他们内心深处对理性及客观的逻辑问题异常感兴趣。这类人的另一特点就是做事讲究原则，有时看来会给人一种不懂得变通的感觉。

3. 豪爽型生意人

这种类型的人通常性格耿直，善于表达自己，因此可以结交众多的朋友，也会为自己的理想坚持不懈地努力。但是他们最大的不足之处就是做事缺少逻辑性和不重视细节。有时候依赖于一些宏伟的计划和人际关系，不会把一些细微的得失放在心上。

4. 孤僻型生意人

这种类型的人往往性格孤僻，不喜欢与他人交际，多数喜欢离群索居的生活，这样可以使自己沉溺于研究之中。在外人看来，他们缺乏鲜明的个性特征，给人一种冷漠与傲慢的感觉。他们中的多数人与他人合作时很少会考虑对方感受，更不会把自己的内心世界向他人披露。

5. 感情丰富型的生意人

这种类型的生意人虽然内心感情丰富，但是他们会把自己的感情掩盖起来，在外人看来，这为他们增添了几分神秘的色彩。他们往往感情细腻，容易走进他人的内心深处，体会到他人的悲与喜，给予别人同情心。这种类型的人多为性情恬静的女性。但是美中不足的地方是他们往往过于感性，做起事来缺乏现实感和条理性。

6. 形象思维型生意人

这种类型的生意人往往情绪多变，喜怒无常，且做起事来缺乏恒心。他们往往对那些利益使然的人际关系非常热衷。做起事来，原则性极强，既要合乎事理又要合乎人情，但缺乏思想与情感。

7.感觉型生意人

这种类型的生意人往往给人一种华而不实的感觉，他们热衷于追求感官享受。虽然他们中绝大多数有很高的品位，但是他们往往把这种品位流于表面化。这种人做起事，容易感情用事，在待人接物方面也会很感性。

8.开拓型生意人

这种类型的生意人具备超常的直觉力，做事从来不盲从，更不武断。无论什么时候，他们都能做到驾驭自如。他们容许其他思想与观念的存在，往往善于挑战新领域和事业。

通过细节看出客户个性

我们在生意场上，可以通过一些细节的观察了解客户的性格特征，从而采取有效的应对方法，对症下药，达到事半功倍的效果。

客户的性格类型主要有以下四种。

1.演员型客户

这种类型的客户最大的性格特点就是热情，他们在与外人交往时，富有热情、活泼、善于交际。他们通常积极乐观，遇到问题时反应迅速，充满创造力。然而，这类客户有时过分热情，会给人一种虚假的感觉，让人内心有所防备。

幽默是这种类型客户的另一个重要特征，与人相处时，他们往往言谈风趣、幽默，可以使对方从他们的身上得到启发和鼓励。这种类型的客户做事通常以人为主，他们会与周围的人建立良好的人际关系。这种类型的客户普遍存在求新、求奇、求美的心理，因而喜欢追求名牌。有时他们做事冲动，且内心容易受到产品的包装、广告等外在因素影响，忽略产品本身存在的价值。因而，与他们洽谈时，要运用新品种的包装和特色来吸引他们的注意力，促使他们快速作出决定。

2.结果型客户

这种类型的客户，做事讲究原则，思维缜密。他们做事有计划，并且条理分明。这种类型的客户通常具备坚毅的性格，他们相信，只要能够坚持下来，一定可以找到解决问题的办法，达到预期的目标。结果型的客户不仅意志力坚强，做事也很果断。因此，在生意场上，想要抓住这类客户的心理，就要直接指明这种产品可以发挥的作用和带来的效果。面对这种类型的客户时，你只需要根据产品档次推销即可，同时在推销产品时要注意不同的侧重点。推销高档产品时，要注重品牌形象的宣传，而中档产品则突出其安全、品质和性价比，他们通常会根据自己的需求作出决策。

3. 老好人型客户

宽容、温和、做事有耐性是老好人型客户的最大特征，他们无论在什么情况下都有超强的忍耐力，做起事来不急不躁，即使发生了什么问题，他们也不会过于严厉，或者表现出暴躁的一面。然而，他们性格中的不足之处就是缺乏主见，做事不果断，有时候患得患失，并且容易轻信他人。因此，在洽谈中，面对这种性格的客户要帮助他们尽快作出决定。这就需要你在他们交往时学会运用心理策略，取得他们的信任，然后再把你的想法暗示给他们，引导他们作出判断。

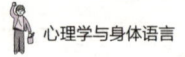

4.学者型客户

这种类型的客户一般举止大方、自然，无论在什么场合下都不会拘束。通常情况下，他们善于分析问题，做事严肃认真，目标明确，且追求完美。因而对于他们来说，无论做什么事情都应该条理清晰，过程准备充分。他们在与人交往时，会注意自己的一言一行，力求自己做事稳重大方，给人一种有修养的君子形象。与这种客户打交道时，要先熟悉对方的脾气，用敬重的语气与之交流。

面对自己的客户，要先了解清楚他们的性格特征再行动。如果只是盲目地讨好，有可能会适得其反。只有在了解清楚的情况下，对症下药，才可以提高办事效率。

识别客户的谈判招数

有些客户为了达到自己的目的，赚取更多的利润，不惜采用说谎等方法掩盖自己的真实意图，因此，为了保证自己的利益，销售人员必须学会正确地判断客户的心理活动，识别他们的真实意图。

想要在沟通中识别的的真实想法，可以注意以下几个方面。

1. 观察客户的眼睛，洞悉其内心变化

想要判断客户是在与你协商还是撒谎，可以观察他们的眼睛。当客户正在向你报价的时候，一定不要错过这个时机，对于他所做出的结论，你只需要注视着他的眼睛便可以知晓一切。如果面对你的注视，他能够做到坦然相对，那就表明他的内心与行动是一致的。反之，如果对于你的注视他采取回避态度，就可以基本断定他现在内心有其他想法，害怕你从他的眼睛中看到答案。

2. 从语言上判断客户的真实意图

在谈判中，双方为使自己的利益最大化，可能会出现一些讨价还价的现象，但是在正式公开的场合，这种协商都会用一定规范性的语言。如果在谈判途中客户使用一些虚拟语气，比如，如果……之类，则表明他现在是想通过假设来促使你做出改变，其实他内心已经接受你的意见，只是想在最后阶段再做一次努力。这个时候，如果你真的按照他们所说的做出调整，正合他们的心意；反之，也不会影响最终的结果。

3. 客户对产品作表述时所持的观点也会暴露他的内心

比如，两方正处于激烈的谈判中，对方把你的产品和别的产品进行比较。这个时候，如果对方使用一些个人化的观点或个人化的意见，则表明目前他正想通过一些话语对你的产品进行贬低或混淆你的视听。这只是他们常用的一种手段，试图通过这种做法让你觉得自己的产品确实与某种产品差不多，内心感到紧张，从而作出顺应他们要求的决定。因此，这就要求你在与客户谈判之前把两种产品的差异掌握清楚。这种方法很容易辨别，如对方会说一些："我认为""我觉得""我当作"等。

与客户进行谈判时，到底对方是处于协商还是撒谎的心理状态，都要视具体情况来看。如果能够把以上几种方法运用到谈判中去，相信一定可以为销售工作提供帮助。

几个方法辨别奸诈商家

中国人从小被教育要诚实守信、公平交易,然而人们又用"无奸不商"这样的词语来形容商人。站在商人的角度看,或许他们是为了自己的生存;然而站在消费者的角度,我们还是不希望受到欺骗。因此,适当了解一些无良商家的谎言和欺诈手段,对于普通人来说是十分必要的。

旧时买米以升斗作量器,卖家在量米时会用一把红木戒尺先把容器口的米削平,然后再放上一点,让升斗中的米隆出"尖",这样看起来似乎给的米多了一些。量好米再加点添点,已成习俗,但凡做生意,总会给客人一点"添头",这是老派生意人的一种生意噱头。商家往往并不会真的给每一位顾客另外添加一些米,然而由于人们喜欢贪小便宜的心理,还是对商家的这种做法很受用。久而久之,其他各行商家在做生意时,都会采取各种类似的让小利的方法来争取顾客。

然而某些无良商人却利用了人们这种的心理,大肆为自己谋取利益。对于一些不诚实的商人花样百出的欺诈手段,我们是可以通过仔细观察识别出来的。

赵小年是个包工头,带着几个兄弟在北京各个工地承包小工程，做工程的时候经常会有很多废铁，这些废铁被大家积攒起来，拿到某一废品回收站变卖，虽然钱不多，可毕竟都是血汗钱，每次大家都很开心地往这家废品回收站里跑。他们去卖废铁都是对方称，对方说多少就是多少，说给多少钱就是多少钱。

后来一次偶然的机会，他的同行李老板和他老婆扛着一捆废铜线到那家废品站卖，结果显示30多公斤，李老板后来吩咐老婆回家拿来大杆秤一称却是50多公斤。废品店老板解释说"刚才看错了"。这时赵小年才有所警觉。

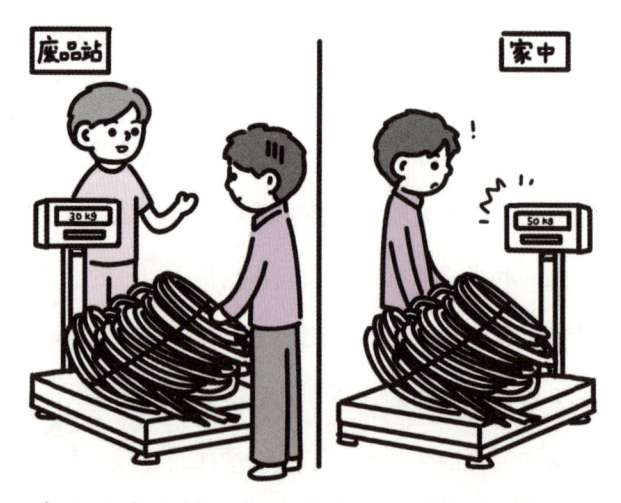

后来再去卖废铁，赵小年都让兄弟们找秤自己称下重量，再碰上老板缺斤短两算错账，他们就会拿出自己称量的结果，这样废品店的老板就无话可说了。当然，如果这家废品店

几次三番都是如此作为，还是换一家的好。

上面只是一个小小的案例，日常生活中我们和商人打交道的机会很多，不仅是卖废品时，在日常购物时、在各种交易中我们都要小心谨慎，避免上当受骗。那么，该如何做呢？

第一，不要抱有贪小便宜的心理，这点在买东西的时候尤其要注意。所谓"一分钱一分货"，不要光看东西便宜就买，要看看质量如何，性能如何，性价比如何，当然还要参考自己的购买目的，综合多方面考虑，最后再确定是否购买。

第二，不要着急购买，可以货比三家，或者购买之前先打听好哪种类型值得购买，哪个品牌值得信赖，提前做好准备工作，避免匆忙之下被卖家忽悠或者出现交易错误。

第三，最好到有固定地址的商店商场商铺购物，路边摊的东西虽然便宜，但是买后出现问题很难解决。

第四，交易过程中一定要仔细，发票收据要收好，如果是过秤称重的物品，可以自带方便秤进行二次称量，或者用商场准备的公平秤称量。当然，如果你选择到正规的商场超市购物，一般不会出现缺斤短两的问题。

第五，如果发现被骗，不要慌张，及时找卖家协调解决，对方不予解决的，可以对其进行投诉。

通过以上几点，再加上自己的小心谨慎，可以很大程度上避免上当受骗,当然关键还是要多了解一些商人行骗的手段和方法,做到心中有数,自然就不会被骗。而更重要的,就是不去贪图省事、便宜或者一些表面看起来的优惠,而选择那些正规可信的商家进行交易购物。

从细节看出对手气质特征

气质是指人典型的、稳定的心理特点,包括心理活动的速度、强度、稳定性和指向性。在生意场上,如果能够准确掌握对手的气质特征,便可以识别对方的性格特征及为人处世的方式,指导我们在生意场上作出准确的判断。

对手的气质主要有以下六种。

1. 分裂型气质对手

这种对手的主要特征是,人际交往时不喜欢、不善于交际,更多的时候他们会选择独立的方式。有时候他们宁愿多思考,也不会轻易采取行动。这种类型的人通常看来有点神经质,面对外人的喜与怒都会表现冷漠之情,整天沉浸在自己的忧思当中,对外界反应迟钝。但是他们思维很活跃,有时候他们会从广泛角度去考虑问题。与这类人打交道时，要学会引导他们参与到交流中来，多替他们着想，把他们当成被照顾的对象。

2. 气质积极型对手

这种类型的对手内心非常阳光，在他们内心深处相信世界是美好的。他们看待问题时，总会从积极乐观的角度出发，从来不会悲观绝望，即使在一定情况下出现意志消沉，也能很快从中走出来。在与外人交往时，他们会把自己的自信乐观之情传染给其他人，通常他们也很看重情谊，因而容易营造良好的人际关系。与这种类型的对手交往，可以把自己也带入一种积极乐观的道路上去，对今后的发展有利。

3. 否定型气质对手

这种类型的对手，其主要特点是愤世嫉俗，内心有强烈的自卑感，因而对很多事情都看不惯。有时候，在他人看来一件微不足道的小事，也会引起他们的恐惧之情。对于已经发生的事情，他们会一直耿耿于怀，无论是什么事情，都不会让他们满意。这种性格的人通常意志消沉，做什么事情都没有耐心。他们不善于表达自己的内心，无论遇到什么问题或困难，他们都会放在心里。与这类人打交道的时候，最好采用迂回路线，表达要委婉，不能太直接，否则，一旦让他们的内心有了心结，可能会阻碍以后的交往。

4. 躁郁型气质对手

这种类型的对手做事有热情，他们的情绪易受到外界的感染，如果听到高兴的事情，无论与自己有没有关系，他们都会表现出高兴的心情。但是同时这种人往往做事冲动，多数依靠感觉行事，因而经常办错事情。他们独特的性格令他们能与那些思想古怪、思维方式不一样的人轻松相处。和这种类型的对手打交道时，要直接点明主题，不宜拐弯抹角。

5. 折中型气质对手

这种类型的对手往往性情温顺，与人交谈时往往面带微笑，说起话来不紧不慢。他们做起事来会采取折中的方法，看待事物通常能够保持客观、冷静的态度，且能根据情况决定，很少感情用事。但不足之处是，他们往往会相信一些道听途说，因而生活中容易被他人暗示。与这种人接触，会给你带来一种舒服的感觉，他们会主动替对方着想，不会给你难堪，有时难免会表现得过于优柔寡断。

6. 黏着型气质对手

这种类型的对手，虽然头脑不太灵活，但是他们做事踏实、努力、有耐心。生活中，他们也会被人认为不合群，做起事来讲究原则，不知道变通，做事一丝不苟，是非观念很强。在某些时候，他们也会情绪失控，但是大多数时候会表现得很平静。在处理事情上，他们追求的是一心一意地处理问题，因而与这种人打交道时必须要有耐心。

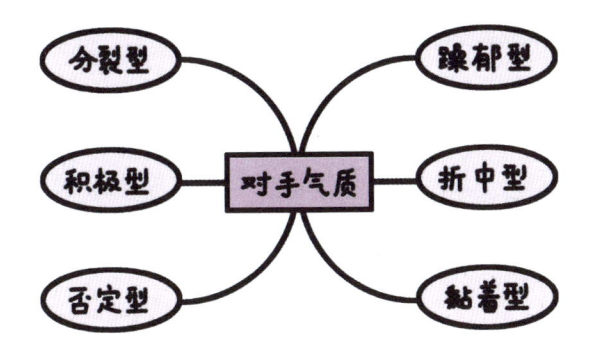

```
         分裂型              躁郁型

         积极型   [对手气质]   折中型

         否定型              黏着型
```

第 11 章

冷静判断，女人别因爱情而盲目

男人突然的沉默代表什么

如果一个平时话多的男人,突然变得沉默寡言,女人可能会对此感到紧张。因为女人不知道他的心里在想些什么,他反常的举动让女人非常不适应,女人会在心里猜想各种可能,是不是发生了什么不好的事情啦?还是他想要跟我分手?

女人的猜想没错,通常一个男人突然变得沉默寡言,不是遭遇巨大变故,就是想跟你分手,如果不是发生了别的什么事,最大的可能就是男人心意已决,正在计划着如何跟你分手。

通常,当男人沉默寡言的时候,他的态度也是冷冰冰、对你爱搭不理的。这时候,男人常常欲言又止,当你问他发生了什么事情的时候,他又推说没事,然后径直一个人做自己的事情。这样的表现可能是男人觉得突然跟你提出分手不太合适,害怕会伤害到你,但是他又觉得自己必须要跟你分手,可能是因为爱上了别人,可能是因为别的事情让他觉得两人不合适。因而，他欲言又止，一拖再拖，但是他知道，自己是迟早要跟你分手的，他正在寻找一个合适的时机。

有些男人则希望通过冷处理的方式来结束这段感情。他突然变得沉默寡言，甚至会突然悄无声息地消失好些天，一个招呼、一个电话也不打，似乎你跟他是毫不相干的两个人。他沉默寡言，来无影、去无踪，让人琢磨不透。失去耐心的女人可能就会主动提出分手了，而这正中了他的下怀。

总之，当一个男人突然变得沉默寡言的时候，你就要仔细思考，并做好心理准备了，因为那往往是他决定分手的表现，并且几乎没有挽回的余地了。

男人表示"想和你一起做饭"是什么意思

男女双方在交往的过程中,如果男人向女人主动提出:"亲爱的,我想和你一起做饭。"那么,通常这个男人是希望与这个女人能够进一步地交往下去。

很多男人的脑海中都会有这样一幅图景:周末,自己和自己的女人一起做一桌让人食指大动的美味大餐,然后在惬意的晚餐时间里享受甜蜜的二人世界。

人们常说"有厨房才像个家样",因而当男人说"想吃你和你一起做饭"时,多半是想家了。他跟你在一起时,感到非常轻松、自在,就和在家里跟自己的亲人相处时的感觉一

样，他希望你能够让他感受一下家的感觉。有可能，他已经在心里想跟你组成一个家庭了，想体验一下你们两个人组成一个小家庭的感觉。

通常，如果男人不喜欢一个女人或者不打算与其有进一步的发展，他是不会那么麻烦地想和女人一起做饭。毕竟，做饭是一件很烦琐的事情，需要静下心来做很多准备的工作，比如，去市场买菜、回家择菜、洗菜等。因而，如果自己不喜欢这个女人，不想跟她进一步交往下去，男人是不会为了她而去做这些烦琐的事情的。另外，跟一个女人一起买菜本来就是一件在外人看来很暧昧的事情，他若无意与这个女人进一步交往，自然不希望让他人有所误会。

因而，当男人对你说"我想和你一起做饭"的时候，不要以为他在无理取闹，不要因为自己忙碌、没有时间而拒绝他，通常那是因为他希望能够跟你有进一步的交往，如果你也很爱他，有跟他进一步交往的意思，不妨抽个时间，和他一起下一次厨吧！

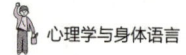

牵强的理由暗示男人的不在乎

谁都不喜欢约会的时候对方迟到,因为等待中的心情是很痛苦的,让人郁闷。相恋中的两个人,如果约会时男方无故迟到了,已经够让女方恼火的,而更让女方恼火的是,男方迟到的理由很滑稽或是非常牵强,这是一种怠慢自己的行为,女人当然会很生气。

在恋爱阶段,每个人的身份、地位、职业、头衔、长相等都可以成为恋爱关系不平等的筹码,而这些筹码会直接影响在恋爱的过程中双方谁主动、谁被动。在现代社会,有些人在考虑恋爱甚至婚姻时,不是看双方的感情因素,而是考虑双方各自的外在条件,而建立在此种基础上的爱情,比较脆弱,较不稳定,只要符合条件,每个人都有很多的选择。对于那些在事业上有所成就、经济上很宽裕的男人来说,他们会根据所交往的女性的条件,来选择相应的应对态度:对那些相对优秀,自己很满意的女性大献殷勤;而对那些条件相对较差,自己不太在意的女性则冷漠怠慢。其中,无故迟到,说不清迟到理由,便是他们怠慢的表现之一。因而,面对这样的情况,女人在与其交往时,就要考虑周全一些,想想还有没有进行下去的必要。

有些时候，当男人对你失去激情时，也会对你失去耐性，他不愿意再像以前那样在意你，小心翼翼地顾全你的感受，不再全心全意地体贴你，照顾你。这时，他在跟你约会的时候，也会有所怠慢，不像以前那样积极，在约定时间之前就早早等候；他会经常迟到，而对于自己的迟到，不仅不感到抱歉，甚至认为是理所当然，当你问他理由的时候，他通常会觉得你烦，不愿意跟你解释，或者故意胡编乱造一些理由来哄你。这表明，男人对你的感情已经变淡，甚至可以说已经不在乎你了。

约会迟到本来就是一件无法容忍的事情，更不能容忍的是男人们那些牵强的开罪理由。面对那些怠慢自己的男性，女人一定不要轻易纵容，一定要让其给自己一个满意的答复。

自卑的男人爱用讽刺的语言

生活中我们经常看到，一个平日里争强好胜的男人，在面对比自己更强的男人时，他会有一种自卑的心理，这种自卑心理的直接体现就是讽刺、嘲笑甚至诋毁那个比自己强的人；他还会一边讽刺他人，一边进行自我吹嘘。这样的人通常自尊心都很强，看不得别人比自己优秀、突出。

自卑心理表现为对自己的能力、品质评价过低，同时伴有一些负面的情绪体验，如害羞、不安、焦虑、忧郁、失望等。

由于社会的原因，男人有时会与那些比自己强的人进行比较，如一辆开着桑塔纳轿车的男人，看到别人开着奔驰车疾驰而过的时候，心中不免要作出比较，为什么他可以开奔驰而我只能开桑塔纳呢？一些心理状态好点的男人可能会羡慕地说："奔驰车就是帅啊！"心理状态差些的人就会自卑，心理不平衡，进而会在心里讽刺："切！不就一辆奔驰吗，牛什么啊？"再如，一个男生在自己班里的成绩很不错，排名很靠前，经常考第一名，但是长相一般，因此感到很自卑。有一天，当他喜欢的女孩子在别人面前谈论班里的另一个长得帅气的男生的时候，他怒火中烧，阴阳怪气地说："不就是长得好看点吗，中看不中用，看他哪次考试进过前十啊？"

瞧瞧，这就是典型的自卑的男人，他们的自卑造成了一种内心的失衡，他们会通过讽刺、挤对他人，达到一种内心的平衡，而这个被挤对、讽刺的人，通常是他们自觉不如的人，也是他们深深嫉妒的人，他们通过打压他人来自抬身价，求得自欺欺人的心理安慰。

因此，面对这些心存自卑、爱讽刺他人的男人，我们不要跟他过多计较，一争高下，因为虽然他们嘴上不言输，其实心里早就心虚地认输了。

过分注意形象的男人比较自私

每个人都有爱美之心，每个人都很在意自己的形象，这很正常，但是过分在意自己形象的男人则有些不符合常理，表面上他们给人一种积极向上、品位出众的印象，实际上他们内心真正关心的人只是自己而已，是一个比较自私的人。

其实，不管长得好看不好看，那些过分注意自己形象的男人通常都有些自恋的倾向，他们愿意花费大量的时间来整理自己的发型，试穿各种款式的服装，每次出门总是让自己看起来隆重得体，头发梳理得一丝不苟。从表面上看，这些男人可能是为了吸引女人的注意才这么做，实际上，在他们的内心里，他们真正关心的还是他们自己，他们希望引起他人的关注，得到他人的好感，以此来满足自己的虚荣心。

这类人比较自恋，虚荣心较强，好吹嘘。他们在别人面前喜欢吹嘘自己的长处，努力掩盖自己的短处；好为人师，好提

当年勇，夸夸其谈，自以为是某个领域里的专家，对于自己过去的辉煌经历一提再提。他们在外人面前喜欢挑刺，捉弄嘲笑他人，不愿承认自身的缺点。他们爱自己胜过一切。失意时，他们很少从自己身上找原因，总是怨天尤人，喜欢将不满、愤怒撒向身边的人。这种男人不敢正视现实，不敢正视自己的缺点，或者说，在他们眼里，他们根本没有缺点。

这种人感情淡漠，对他人的事情无动于衷。如果是跟自己无关的人或事情，他们是不愿意花费自己的时间、精力去理会的。

急于承诺的男人并不可靠

现在有一句话非常流行：世界上有三样东西最不可相信——男人的承诺、男人的感情及男人的理由；同时又有三样东西最宝贵——男人的承诺、男人的感情及男人的理由。由此足以看出，女人在对待男人的承诺这方面，内心是多么矛盾啊！

有些男人的承诺很宝贵，他们从不轻易承诺，一旦做出承诺了，势必要兑现许下的承诺。这些男人具有极强的责任心，非常讲究信用，一言既出驷马难追，说出的诺言也是一诺千金。这些男人通常不会做出自己办不到的承诺，因为他们害怕诺言不能兑现时看见别人眼里的失望，以及自己内心的深深自责。

而有些男人却不这么想，他们会很轻易地许下诺言，当诺言不能实现时，他们又很轻松自在地跟对方说声"抱歉"，然后继续过自己的生活。这类男人是很没责任心、很不成熟的。他们对自己放任自流，从不用道德来约束自己，我行我素。女人如果碰到这样的男人，真是有苦难言。

恋爱时，一些不成熟的男人总是轻易许下诺言，尽管他们知道自己根本就无法实践诺言，然而他们也知道女人喜欢他们承诺，并且善良单纯的女人会对他们的诺言深信不疑。

有些男人往往高估了自己的能力，感情激动时就轻易许下一些超出自己能力范围的诺言，虽然在许诺的时候他们是真心实意的，但是能不能实践诺言，则是另外一回事。这类男人通常缺乏思考，他们只是急于得到心爱女人的心而夸下海口。而一些女人则往往以为男人会说到做到，而在以后的交往中，却发现并不如男人所说的那样。

当然，还有很多方面都表现出男人承诺的不可靠性，这主要看其做出承诺的时间和难易程度及做出承诺所考虑的因素，一般不假思索、急于出口的承诺大部分是不可信的。时下网络上流传着这样一句话："宁肯相信世界有鬼，也不能相信男人那张嘴。"可见，有些男人那美妙的诺言是多么不可靠。

参考文献

[1]纳瓦罗，卡尔林斯.FBI教你破解身体语言[M].王丽，译.长春：吉林文史出版社，2009.

[2]宿春礼.怎样读懂和使用身体语言大全集[M].北京：华文出版社，2010.

[3]巴尔肯.身体语言密码[M].刘伟，译.北京：新世界出版社，2013.

[4]亚伦·皮斯，芭芭拉·皮斯.身体语言密码[M].王甜甜，黄俊，译.北京：光明日报出版社，2018.